絵で見てわかる
マイクロサービス
の仕組み

樽澤広亨＝著・監修
佐々木敦守／森山京平／松井 学
石井真一／三宅剛史＝著

SE
SHOEISHA

はじめに

　長い人類の歴史の中で、科学技術の発展は私たちの生活様式を大きく変えてきました。電気は暗闇に光を与え、多くの作業の自動化に寄与しました。内燃機関は強大なパワーを背景に重労働を伴う作業の効率化を推し進め、またスピーディで安価な移動を可能にしてきました。そして今、インフォメーションテクノロジー（IT）によるビジネスの抜本的変革を目指すデジタルトランスフォーメーション（DX）に注目が集まっています。

　先行して実践されてきたDXによって、決済を含む金融取引、SNSをはじめとしたコミュニケーション、予兆管理／設備保全など、私たちの働き方や振る舞いは大きく変わりつつあります。さらなるDXの進展によって、私たちの生活は激変することでしょう。DXが社会基盤変革の鍵を握る現代、ITは人類に影響を与える科学技術の筆頭の1つといってよいでしょう

　ビッグデータやビジネスインテリジェンス（BI）、人工知能（AI）やマシンラーニング（ML）、そして、モノのインターネット（IoT）、仮想現実（VR）／拡張現実（AR）／複合現実（MR）など、ITの技術革新はとどまるところを知りません（もちろん新たな技術が生まれる一方で、残念ながら廃れていく製品／技術も少なくありません）。そんな中、今世紀に入ってから約20年の間注目を浴びながら着実に機能拡張／改善を重ね、DX推進の必須と見なされているテクノロジーがあります。それがクラウドコンピューティングです。

　2000年代、仮想マシンをベースとしたInfrastructure-as-a-Service（IaaS）で脚光を浴びたクラウドコンピューティングは、2010年代に入って第二世代のクラウドともいうべきクラウドネイティブコンピューティングの時代に入ります。クラウドネイティブコンピューティングを推進する業界団体「Cloud Native Computing Foundation(CNCF)」は、その設立から間もない2016年前後、クラウドネイティブを構成する技術要素として、「コンテナ」「（コンテナ）オーケストレーション」「マイクロサービス」の3つを挙げていました。すなわち「マイクロサービススタイルでアプリケーションを開発し、アプリケーションはコンテナにデプロイして稼働させる、そしてオーケストレーション機能でコンテナ化されたアプリケーションを運用する」——これがクラウドネイティブコンピューティングの基本形だったのです。

　コンテナ、オーケストレーションがインフラストラクチャのイノベーションである

のに対し、マイクロサービスはアプリケーションのイノベーションを推進するものです。マイクロサービスを理解し、使いこなすことは、ビジネスアプリケーションのモダナイゼーション[※1]を進めDXを促進する上で、不可欠なのです。

さて、皆さんはマイクロサービスと聞いて、どのような印象を持たれるでしょうか？
「小さなサービス？[※2]」
「WebサービスやWeb APIの実装？」
「SOAの後継？」

おそらく様々な意見が出るでしょう。本書執筆時点で、マイクロサービスを既定する公式あるいは事実上の標準は存在しません。したがって、「マイクロサービスとは何か？」——その定義や解釈に違いが生じるのは当然のことでしょう。しかしながら、ITシステム開発／運用のような共同作業では、言語／用語の標準化は必須です。用語の意味が一意に規定されておらず、あいまいなままでは、コラボレーションなど到底できません。クラウドネイティブコンピューティングを取り入れてDXを始めよう、マイクロサービスを適用しようという場合には、マイクロサービスについての普遍的かつ客観的な理解が必要です。

このような背景の下、本書では、マイクロサービスを「DXにおいてアプリケーションモダナイゼーションを推進するための、クラウドネイティブコンピューティングの技術要素」と位置づけて、その基本的知識を、図表を交えながら素早く学ぶことを目標に置きます。また、標準定義の存在しない中で普遍的かつ客観的なマイクロサービス像を共有すべく、合理性、網羅性、影響力の観点より、Martin Fowler氏[※3]とChris Richardson氏[※4]の見解に沿うことにします。すなわち、マイクロサービスを単なる「アーキテクチャ」としてだけではなく、より包括的な「アーキテクチャパターン」として捉えます。その上で、ソフトウェアアーキテクチャにとどまらず、マイクロサービス流の開発／運用手法、開発／運用環境、ランタイムインフラストラクチャ、それぞれについて言及します。

具体的には、本書前半ではマイクロサービスのアーキテクチャ的側面にフォーカスを当てます。はじめに、マイクロサービスが求められる背景としてDXを取り上げ（第1章）、次にクラウドネイティブコンピューティングやマイクロサービスの概要を解説します（第2章、第3章）。加えて、マイクロサービスの設計ノウハウの理解のため、マイクロサービスパターンを説明します（第4章）。

※1 近代化。IT資産（レガシーシステム）を活かしながら、最新のソフトウェア／ハードウェアなどに置き換えること。
※2 有識者の間ではマイクロサービスを「小さなサービス」と理解するのは適切ではない、という意見があります。
※3 Martin Fowler氏のWebサイト：https://martinfowler.com/articles/microservices.html
※4 Chris Richardson氏のWebサイト：https://microservices.io/

一方、本書後半では、マイクロサービスを支える技術をフィーチャーします。マイクロサービスのランタイムインフラストラクチャとしてコンテナ／Kubernetes／サーバーレス（第5章）、そしてサービスメッシュを説明し（第6章）、さらに第7章ではマイクロサービス流のアプリケーション開発／運用手法と環境としてDevOpsの概要を解説します。そして第8章では、マイクロサービスを含むクラウドアプリケーションをデプロイするモデルである、クラウドデプロイメントモデルの最新動向を紹介します。

　本書は、**クラウドコンピューティングに関わるプロジェクトマネージャ、アーキテクト、エンジニアなど、幅広い読者を対象に、マイクロサービスを手早く学ぶ入門書**として企画し執筆しました。そのため、マイクロサービスにまつわる技術要素を幅広くカバーすることを意図しています。その一方で、リファレンスに求められるような網羅性は不十分であり、専門書のような要素技術の詳細には踏み込んでいません。本書で概要と勘所をつかんでいただいた上で、必要に応じて各要素技術についてより専門的な情報源にあたっていただくことを想定しています。

　本書が、マイクロサービスとクラウドネイティブコンピューティングの理解、DXとアプリケーションモダナイゼーションの一助となれば幸いです。

著者代表　樽澤広亨

CONTENTS

第3章　マイクロサービスアーキテクチャの基本　045

第4章　マイクロサービスパターン　067

目次

第2部　マイクロサービスを支えるクラウドネイティブテクノロジー　123

第5章　コンテナ & Kubernetes & サーバーレス　127

第6章　サービスメッシュ　167

第7章　マイクロサービスの開発と運用　191

第8章　クラウドデプロイメントモデルの動向　217

Column

目次

マイクロサービスのアーキテクチャ

マイクロサービスの話に入る前に、本書の構成を説明します。本書は、マイクロサービスを、**クラウドネイティブコンピューティング全体を包含するアーキテクチャスタイル**として捉えて、マイクロサービスと関連するクラウドネイティブテクノロジーについて解説します。アーキテクチャスタイルとは、図1.Aのように、構造設計に相当するアーキテクチャと、構造設計を支え実現するための手法や周辺技術を包含した概念です（アーキテクチャスタイルについては第2章で詳述します）。

アーキテクチャスタイルとしてマイクロサービスをモデル化すると、中核にソフトウェアの構造設計にあたるマイクロサービスアーキテクチャがあり、その周辺に配置された基盤／稼働環境、開発／運用環境、開発／運用手法、アプリケーションインテグレーションテクノロジーがマイクロサービスアーキテクチャを支える形態となります。

本書は、マイクロサービスアーキテクチャスタイル全般をカバーすることを目標に置き、第1部の第1章から第4章ではマイクロサービスアーキテクチャとアプリケーションインテグレーションの手法について言及します。まず、第1章では、DXの本質的な概念を提示し、DXの実践においてマイクロサービスをはじめとしたクラウドネイティブテクノロジーが求められる理由を説明します。続く第2章では、クラウドネイティブコンピューティング登場の背景、マイクロサービスの位置づけと概要を解説します。そして第3章ではマイクロサービスアーキテクチャの設計上のポイントを、第4章ではマイクロサービス流の設計の参考となるデザインパターン群「マイクロサービスパターン」を紹介します。

マイクロサービスアーキテクチャとアプリケーションインテグレーションを除く他の構成要素、すなわち基盤／稼働環境、開発／運用環境、開発／運用手法については第2部の第5章以降でカバーします。

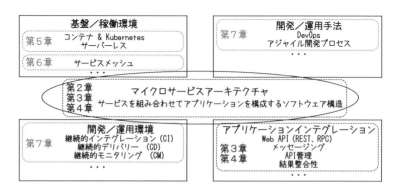

図1.A　本書におけるマイクロサービスアーキテクチャスタイルの説明範囲

デジタルトランスフォーメーション
──マイクロサービスが求められる背景

マイクロサービスを始める背景には、技術的好奇心、ITシステム要件、ビジネスニーズなど様々な理由があるでしょう。ここでは、まずITシステムを取り巻く環境を俯瞰して、**デジタルトランスフォーメーション**（Digital Transformation：**DX**）という文脈からマイクロサービスが求められる理由を探ってみます。

1.1 デジタルトランスフォーメーションとは何か

　ここ数年、DXは非常に重要なテーマとして取り上げられており、様々なメディアやITベンダー、有識者が、情報発信しています。それぞれDXという観点から情報発信しているものの、力点を置くポイントが異なっているため、DXとは何かわかりづらい場合も少なくありません。

　人工知能（Artificial Intelligence：AI）やマシンラーニング（Machine Learning：ML）を活かした先進的なユースケースをフィーチャーするものもあれば、ビッグデータやビジネスインテリジェンス（Business Intelligence：BI）の重要性を説くものもあります。また、モノのインターネット（Internet of Things：IoT）を活用したオートメーションに特化した記事や、仮想現実（Virtual Reality：VR）／拡張現実（Augmented Reality：AR）／複合現実（Mixed Reality：MR）など、クロスリアリティ（xR）について言及するものもあります。このような最先端のITを活用して新たなユースケースを創出することこそDXの本質である、と思われる方もいるでしょう（図1.1）。

図1.1　DXのイメージ

このような理解は間違いではありませんが、おそらくDXの"ある一部"の理解にとどまっています。その理由を明らかにするために、DXとは何か、その定義を探ってみましょう。とはいえ、本書執筆時点で、公的な標準機関によるDXの定義は存在しません。そこで次善の策として、英語版のWikipediaにおけるDXの記事を参照してみましょう。

> Digital Transformation (DT or DX) is the adoption of digital technology to transform services or businesses, through replacing non-digital or manual processes with digital processes or replacing older digital technology with newer digital technology. Digital solutions may enable - in addition to efficiency via automation - new types of innovation and creativity, rather than simply enhancing and supporting traditional methods.

出典：https://en.wikipedia.org/wiki/Digital_transformation

[抄訳]

デジタルトランスフォーメーション（DTまたはDX）は、人が手作業で運用するプロセスをデジタル化されたプロセスで置き換えることによって、あるいは古いデジタルテクノロジーを最新のデジタルテクノロジーで置き換えることによって、サービスやビジネスプロセスを変革するデジタルテクノロジーの適用形態である。DXにおけるデジタルソリューションは、これまでのやり方を改善するとか効率的に支援するといった単純なものではない。自動化の枠にとどまらず、新たなタイプのイノベーションや創造性を生み出しうるものである。

英語版のWikipediaによれば、DXとは「最新のITによってビジネスを抜本的に変革するムーブメント」のことのようです。「最新のIT」を活用するという観点に着目すれば、DXとはAI/ML等の最先端のITを活用することである、という見解は誤りではありません。しかし、「最新のIT活用」と同等、もしくはそれ以上に重要なポイントは、後段の「ビジネスを抜本的に変革する」ところにあります。すなわち、DXの本質は、

　○ビジネスの抜本的な変革
　○（ビジネスの抜本的な変革にあたって）ビジネスの主体をITに委ねる

という二点にあるのです。このようなDXの本質を理解するには、従来型のITとビジネスの連携モデルと比較するとわかりやすいでしょう。

コンピューターは、その誕生から長い間、人の手作業を支援するバックオフィスサービスとして、利用されてきました。Big Tech[※1]のように設立の草創期からITを駆使してイノベーティブなサービスを提供するケースもありますが、多くの伝統的企業では、ITはいわばかつてのそろばんや電卓のようにビジネスを「支援」するツールであり、ビジネスの主体はあくまで事業部門の人手による作業にありました（図1.2）。

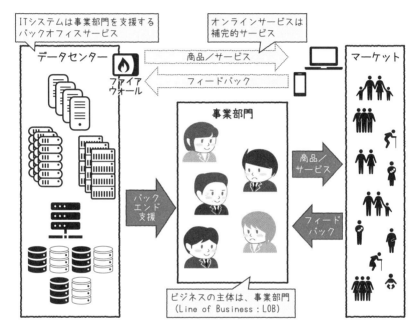

図1.2　従来型IT活用モデル

　DXは、このような従来型のITとビジネスの協業モデルを抜本的に変えるものです。図1.3は、DXによって実現される理想的なITとビジネスの協業モデルです。

※1　IT業界における最大規模の企業群。Amazon、Apple、Alphabet、Facebook、Microsoftが代表例。

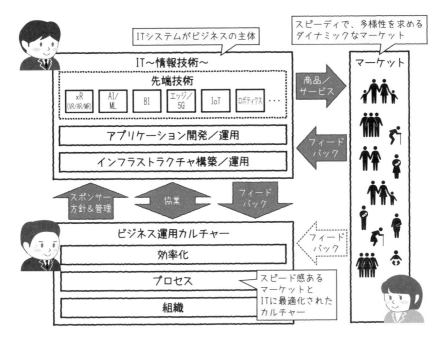

図1.3　DX構造モデル

　DX後の世界では、ITシステムはもはやバックオフィスサービスではありません。ITシステムは、マーケットに対して製品／サービスを提供しビジネスプロセスを運用する、企業活動の中核となります。実際には、営業部門など事業部門が引き続きビジネスのオーナーシップを持つことになるでしょうが、事業部門のビジネス運用カルチャーはスピーディでダイナミックなマーケットのニーズに応えられるように抜本的に見直されます。同様に、従来型のITシステム（インフラストラクチャとアプリケーション）も、抜本的な見直しを迫られます。その上で、**必要に応じて、AI/MLなどの最先端のITを適用する**、これがDXの全体像です。DXとは、最新のテクノロジーを付け焼き刃的に適用するような局所的なものではありません。ITシステムだけではなくビジネスのあり様を抜本的に変革する大きなムーブメントなのです。

1.2 2025年の崖

　「2025年の崖」とは、2018年9月、経済産業省が主管する「デジタルトランスフォーメーションに向けた研究会」が発行したDXレポートの副題の一部です。同レポートは、今後DXを怠った場合、2025年以降日本国全体で最大年間12兆円の経済的損失を被るとしており、この損失に象徴される諸問題のことを**2025年の崖**と呼んでいます。センセーショナルなタイトルの影響もあって、これを機にDXは一気に注目されるキーワードとなりました。

　なぜ2025年の崖が出現するのでしょうか？　DXレポートによると、IT業界や事業会社における人材不足が、技術面、投資面、ひいてはビジネス面に悪影響を及ぼし、経済的損失を招くとしています（図1.4）。この負の連鎖の中で、人材面に加えて特筆すべき問題が「技術的負債」です。

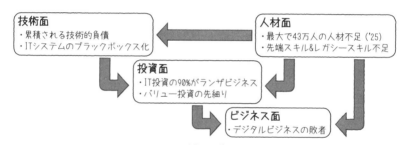

出典：DXレポート〜ITシステム「2025年の崖」克服とDXの本格的な展開〜
（経済産業省／デジタルトランスフォーメーションに向けた研究会／2018年9月7日発行）
https://www.meti.go.jp/shingikai/mono_info_service/digital_transformation/20180907_report.html

図1.4　日本のITシステムが陥っている負の構造

　技術的負債とは何か、説明しましょう。頻繁に新たな技術が登場し、あっという間に既存技術が陳腐化するITの世界で、個々のITシステムをコストの上でも工数の上でも効率的に運用するには、技術革新の都度、タイムリーに既存システムをモダン化するのが最良の方法です。このように頻繁に既存ITシステムをアップデートするほうが、既存製品／技術と最新製品／技術のギャップが小さいため、利用している製品／技術の移行が容易であり、開発／構築／運用に携わるIT技術者もスムーズにスキルアップすることができるのです（図1.5の右）。

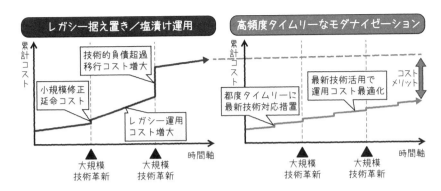

図1.5　技術的負債

　一方、ITシステムに抜本的な変更／保守を加えず塩漬け運用した場合、未適用の製品／技術が徐々に累積していきます（図1.5の左）。このように累積された未適用の製品／技術のことを**技術的負債**と呼びます。

　技術的負債が大きくなると適用すべき製品／技術が増え、IT技術者のスキルアップの負担も増えることから、ITシステムのモダン化に際して工数面／コスト面の負担が増大します。最悪、現行ITシステム運用でIT予算を使いつくし、先進的なITへの投資ができないという状況に陥る可能性があります。また、先端技術に関するスキル不足はビジネスの競争力低下の要因にもなるでしょう。このような構造的な問題が相まって、2025年の崖が生じるのです。

　DXレポートは危機感をあおるだけでなく、DX実践に向けて現状打破のための解決方針も提示しています（図1.6）。図1.6は4つの主要な解決方針を提示していますが、その中でもITに密接に関係する3つの技術方針について解説を加えましょう。

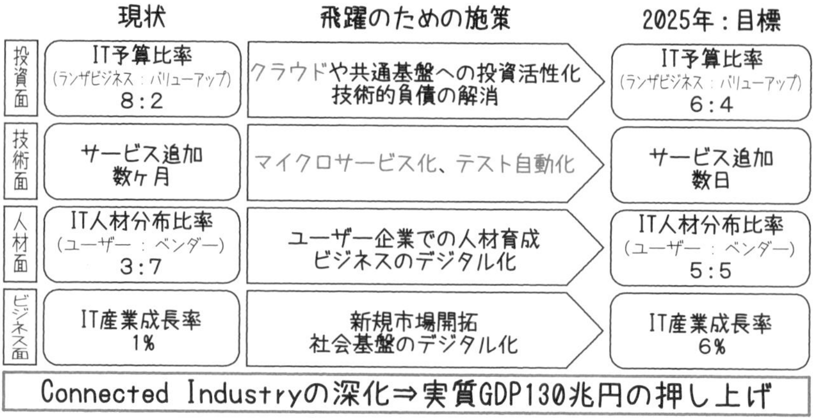

	現状	飛躍のための施策	2025年：目標
投資面	IT予算比率 （ランザビジネス：バリューアップ） 8：2	クラウドや共通基盤への投資活性化 技術的負債の解消	IT予算比率 （ランザビジネス：バリューアップ） 6：4
技術面	サービス追加 数ヶ月	マイクロサービス化、テスト自動化	サービス追加 数日
人材面	IT人材分布比率 （ユーザー：ベンダー） 3：7	ユーザー企業での人材育成 ビジネスのデジタル化	IT人材分布比率 （ユーザー：ベンダー） 5：5
ビジネス面	IT産業成長率 1%	新規市場開拓 社会基盤のデジタル化	IT産業成長率 6%

Connected Industryの深化⇒実質GDP130兆円の押し上げ

出典：DXレポート〜ITシステム「2025年の崖」克服とDXの本格的な展開〜
（経済産業省／デジタルトランスフォーメーションに向けた研究会／2018年9月7日発行）
https://www.meti.go.jp/shingikai/mono_info_service/digital_transformation/20180907_report.html

図1.6　DXに向けて、現状打破の処方箋

[1] ITインフラストラクチャ標準化（図1.7）

　最新テクノロジーを用いてインフラストラクチャの標準化を図り、環境構築／運用の効率化とスピードアップを目指します。具体的には、標準的なテクノロジーとしてコンテナによる仮想化を検討します。コンテナとKubernetes等のコンテナオーケストレーションによってインフラストラクチャを構築／運用することで、クラウドベンダーを問わずベンダーロックインフリーの共通基盤を実現することができます。

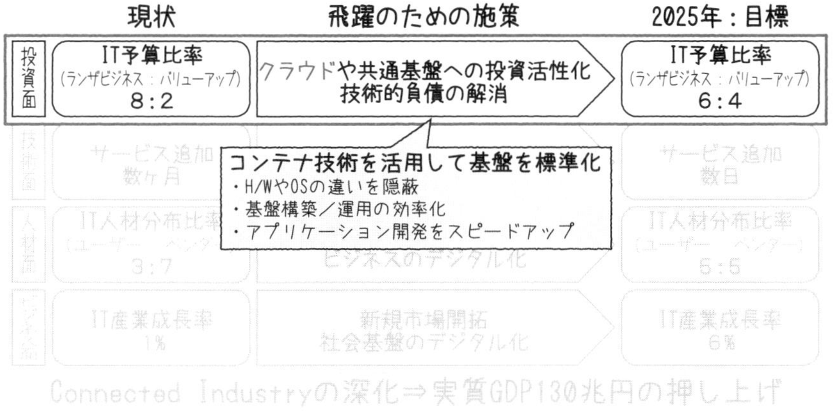

図1.7　解決策1：ITインフラストラクチャ標準化

出典：DXレポート〜ITシステム「2025年の崖」克服とDXの本格的な展開〜
（経済産業省／デジタルトランスフォーメーションに向けた研究会／2018年9月7日発行）
https://www.meti.go.jp/shingikai/mono_info_service/digital_transformation/20180907_report.html

[2] マイクロサービスでアプリケーションをモダン化（図1.8）

　マイクロサービスと、テスト自動化をはじめとしたDevOpsを採用することで、アプリケーションのモダン化を進めます。アプリケーションの開発／変更をスピードアップするだけでなく、最大限の自動化によりミスを減らしアプリケーションの品質向上をゴールとします。

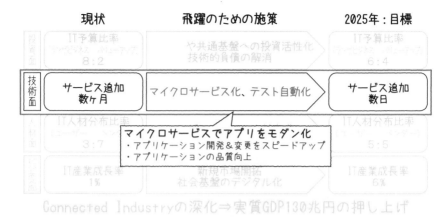

出典：DXレポート～ITシステム「2025年の崖」克服とDXの本格的な展開～
(経済産業省／デジタルトランスフォーメーションに向けた研究会／2018年9月7日発行)
https://www.meti.go.jp/shingikai/mono_info_service/digital_transformation/20180907_report.html

図1.8　解決策2：アプリケーションモダナイゼーション

[3] システムデリバリー改革（図1.9）

　日本の全IT技術者の約70%がITベンダーに所属しており、事業会社（ITシステムユーザー法人／企業）に所属するIT技術者は全体の30%にすぎません。結果として、ITシステムに関するあらゆる対応はシステムインテグレーター（System Integrator：SIer）に依存しており、日本のSIで主流の請負型契約は素早く柔軟なITシステム開発／運用を阻害するブロッカーとなっています。

　このような因習を打破し、スピーディでダイナミックなITシステム開発／運用を実現するために、ITシステム開発／構築の内製化を目指します。ただし内製化には組織構築／ビジネス立ち上げ／スキル蓄積等克服すべき様々な課題があり、内製化は中長期にわたる目標とするのが現実的です。短期的には、SIerとの契約形態の見直しと社内IT技術者の育成に投資すべきです。

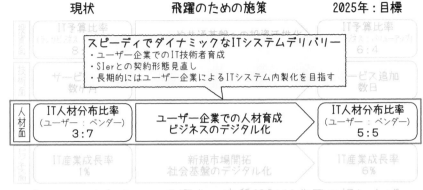

出典：DXレポート～ITシステム「2025年の崖」克服とDXの本格的な展開～
（経済産業省／デジタルトランスフォーメーションに向けた研究会／2018年9月7日発行）
https://www.meti.go.jp/shingikai/mono_info_service/digital_transformation/20180907_report.html

図1.9　解決策3：ITシステムデリバリー改革

　これらの方針で明示されているように、マイクロサービスはDevOpsやコンテナと共にDXを推進する主要な技術要素として見なされています。すなわち、これまでのITシステム開発／運用のやり方を抜本的に見直し、アプリケーションのモダン化を目指すIT技術者にとって、マイクロサービスは重要な指針となるのです。

　さらに、DXレポートは、DX実践のスピード感も示しています（図1.10）。これによると、2020年までにDXのプロトタイププロジェクトを先行実施して、経営判断を下し、以降のITシステムプロジェクトには「DXファースト」で望むのが理想的なスケジュールとしています。残念ながら経営判断が望まれる2020年は終わってしまいましたが、可及的速やかにDX適用の検討と実践が望まれます。

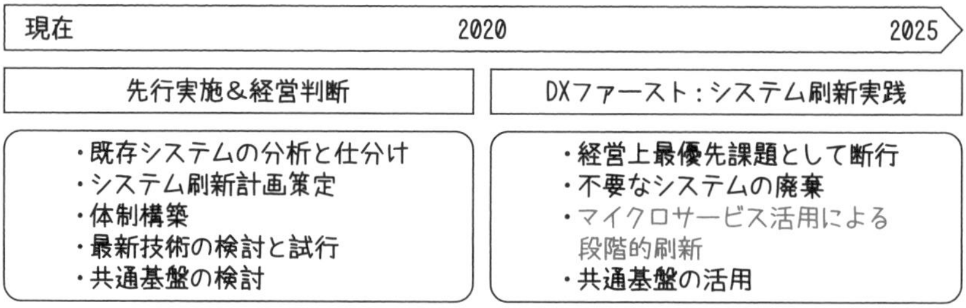

現在	2020	2025

先行実施&経営判断	DXファースト：システム刷新実践
・既存システムの分析と仕分け ・システム刷新計画策定 ・体制構築 ・最新技術の検討と試行 ・共通基盤の検討	・経営上最優先課題として断行 ・不要なシステムの廃棄 ・マイクロサービス活用による 　段階的刷新 ・共通基盤の活用

図1.10　DXファースト実践の時間軸

1.3 DX 推進のための方策

　経済産業省は、DXレポートに加えて、DX推進ガイドライン、DX推進指標等、DXを推進するためのガイド類を整備しています。また、各ITベンダー側もDX推進に有益な研修コースやワークショップを提供しており、民間企業を中心にDXの試行プロジェクトとして多くのProof of Concept（PoC）が実施されています。その一方で、PoCは実施したけれど、DXプロジェクトがPoCで中断した、あるいは自然消滅した、という声も耳にします。なぜ、DXはPoCで止まってしまうのでしょうか？

　その理由の1つは、DXを「IT」だけのイノベーションとして捉え、ビジネス運用カルチャーの変革を怠っていることにあります。1.1節と図1.3で示したように、DXの本質は「ビジネスの抜本的な変革」と「（ビジネスの抜本的な変革にあたって）ビジネスの主体をITに委ねる」という二点に集約できます。これらの実践は、組織構造も含むビジネスカルチャーの変革を伴います。組織やカルチャーを変更することなく、ITシステムだけを変えてみても、期待した効果は得られません。ビジネス環境を変えることなく「AIで何か新しいビジネスを作りなさい」といわれても、現場は困惑するだけなのです。

　あるべき姿としては、まずは経営陣のリーダーシップの下でビジネス運用カルチャーの見直しに取り組むべきでしょう（図1.11）。

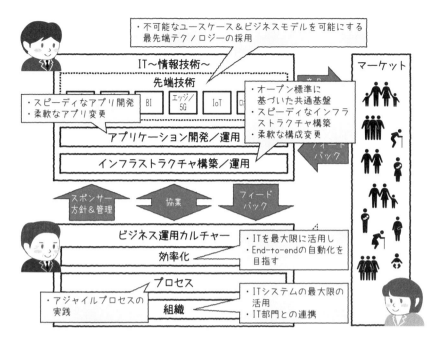

図1.11　構造化されたDX推進戦略

　ビジネス運用カルチャーの変革として、マーケットの素早い動きに対応できるように組織体制を変更すべきですが、その際、ITシステムの最大限の活用のため、IT部門とのより密接かつ柔軟な連携を検討します。たとえば、各事業部門にはIT部門とのインターフェースとなる要員を確保し、システム化の要件と優先順位の管理等を通してアプリケーション（≒ビジネス）のオーナーシップを発揮してもらうことを狙うのです。

　ビジネスプロセスに関しては、素早い判断とアクションが取れるように、各プロセスの対象を可能な限り細分化し、それに関わる人の関与と手作業を絞ることを検討します。ITで知られるアジャイルプロセスのエッセンスを、ビジネスプロセスにも応用するのです。

　そして、ビジネスプロセスを効率的に回すために、ITを最大限に活用します。可能な限り自動化を図り、組織がプロセスを迅速に回せるように努めます。

　ビジネス運用カルチャーの見直しと同期を取ってITシステムの変革に取り組みます。DXレポートで述べられているように、インフラストラクチャについては、オープンスタンダードであるコンテナによって共通基盤を構築します。コンテナはベンダーロックインフリーのテクノロジーなので、マルチベンダーによるマルチクラウド環

境を構築したとしても、ベンダー固有の違いに起因する運用工数の負担増を最小限に抑えることが可能です。また、コンテナオーケストレーションを併用することで、スピーディで柔軟なインフラストラクチャ環境を構築できます。

　アプリケーション開発／運用のモダン化では、DXレポートでうたわれているマイクロサービスやDevOpsを採用し、スピーディなアプリケーション開発と柔軟なアプリケーション変更を実現します。

　その上で、これまで不可能とされてきたユースケースやビジネスモデルの実現のためにxRやAI/MLなどの最先端技術を活用します。最先端技術を適用するような、初めての試みはトライアンドエラーを伴いますが、大丈夫です。DXの実践を通して、ビジネス運用カルチャーはトライアンドエラーを許容しフェイルファストを尊重するように変貌しているからです。ビジネスサイドの素早い決定や、急な方針変更には、マイクロサービスとコンテナでモダン化されたアプリケーションとインフラストラクチャが柔軟に応えます。

クラウドネイティブコンピューティングとマイクロサービス

マイクロサービスとは何か？――このシンプルな疑問に答えるためには、なぜマイクロサービスが必要とされるのか、その背景を理解しておいたほうがよいでしょう。そこで、まず最初にマイクロサービス登場の背景として、クラウドコンピューティングやクラウドネイティブコンピューティングといった技術的なトレンドを説明し、その上でマイクロサービスの概要を紹介することとします。

2.1 クラウドコンピューティングの歩みを振り返る

ソフトウェアアーキテクチャは、その時々の技術的トレンドの影響を受けて登場し、時代のニーズに応えて発展するものです。マイクロサービスもそのようなソフトウェアアーキテクチャの1つであり、**クラウドコンピューティング**の影響を色濃く受けているといってよいでしょう。そこで、マイクロサービス登場の背景を探るための第一歩として、クラウドコンピューティングの歴史を振り返ってみます。

2.1.1 REST

IT業界におけるクラウドコンピューティングの登場／注目は、2000年代初頭にさかのぼります。前世紀末に創業したSalesforce.com, Inc.が、インターネットを介したCustomer Relationship Management（CRM）サービス提供で成功を収め、Software-as-a-Service（**SaaS**）モデルのビジネスを確立したことを、クラウドコンピューティングの1つのメルクマール（指標）と見なすことができます。同社のロゴに見られる「雲」に、インターネットを介して高付加価値サービスを提供する、新たな「形」のIT企業、クラウドベンダーの到来をうかがい知ることができます。

2000年代といえばWeb 2.0の時代でもあります。この時代を思い返すと、GoogleMapsのヌルヌルとドラッグできる地図の操作性は画期的でありました。Webブラウザの操作性はJavaScriptライブラリの発展とAjaxによって改善されたわけですが、Web 2.0ブームがもたらした本質的価値はそこにはありません。「他者が提供するサービスを、インターネットを介して呼び出しながら、クライアントリクエストを処理する」――今となっては当たり前のコンピューティングモデルを、本格的に実践し始めたのが、まさにこの時代でした。この新たなモデルの普及に一役買ったのがRESTful Webサービスです。

　Webサービスのコンセプトは以前からあり、W3Cを中心にSOAP/WSDL/UDDI他の
Webサービスプロトコルが整備されていました。しかしながら、特に日本では、
SOAP/WSDLベースの旧世代のWebサービスの適用が進むことはありませんでした。
その理由として考えられるのが、難解さとコストです。旧世代のWebサービスを使
いこなすには、一般的なHTTPプロトコルに加えて、その上位で稼働する多様なWeb
サービスプロトコルを理解しなければなりません。また、エンタープライズサービス
バス（ESB）など、ITベンダーが提供するWebサービス関連のミドルウェアの利用を
強いられるケースも少なくありませんでした。学習と商用ミドルウェア購入のコスト
が、旧世代のWebサービス適用に"待った"をかけたのです。このように技術トレ
ンドとして沈滞気味であったWebサービスのあり方を変えたのが、Web 2.0ブームの
中で注目されたREpresentational State Transfer（**REST**）です。

　RESTとは、HTTPプロトコル規格提唱者の1人であるRoy Fielding氏が提唱したア
ーキテクチャスタイルです。主にHTTPプロトコルを使ったソフトウェア設計のあり
方について論じていますが、その中でもHTTPメソッドとUniform Resource Identifier
（URI）についての言及はその後のWebサービスに強い影響を与えました。Roy
Fielding氏によると、URIはその名の通りリソース、すなわち処理対象のデータを表
現するものであり、そのデータに加える処理を規定するためにHTTPメソッドを利用
するべきである、としています。HTTPメソッドの**GET**はデータ取得、**PUT**はデータ
更新、**POST**はデータ作成、**DELETE**はデータ削除に使います（図2.1）。すなわち、
HTTPは、元来Webサービスの実装に必要な機構を備えたプロトコルであることを明
らかにしたのです。この設計原則は非常にシンプルでわかりやすく、実装にあたって
特別な商用ミドルウェアを必要としません。ブラウザ上で稼働するJavaScriptからも
簡単に呼び出すことができます。以上を背景としてGoogleをはじめ様々なITベンダ
ーが価値あるアプリケーションを、RESTベースの新たなWebサービス（RESTful
Webサービス）としてインターネット上で公開し、各エンドユーザーのITシステムが
それらを活用するというモデルが普及したのです。

- ・URIでリソースを表現（目的語）：×××を...
- ・HTTPメソッドで操作を表現（述語）：ＹＹＹする

HTTPメソッド	意味	SQLに例えると・・・
GET	取得、検索	SELECT
POST	作成、挿入	INSERT
PUT	更新	UPDATE
DELETE	削除	DELETE

- ・RESTに基づいたHTTPヘッダーの例（抜粋）

```
GET/blogs/BobSutor HTTP/1.1
Host: www.shoeisha.co.jp
.................................
```

図2.1　REST

　Web 2.0ブームの中で登場し脚光を浴びたRESTful Webサービスですが、その後SaaSアプリケーションのAPIとして使用されるようになります。すなわちRESTは、SOAP/WSDLなど旧世代のWebサービスプロトコルに代わるものであり、新世代のWebサービスの中核技術といえるでしょう。そればかりでなく、クラウドコンピューティングの幕開けを告げるきっかけの1つでもあります。SaaSやRESTful Webサービスは、比較的上位層に位置するテクノロジーです。2000年～2010年頃まで、クラウドコンピューティングは、比較的上位層のユーザー体験のイノベーションという観点で、注目されたのです（図2.2の左部分）。

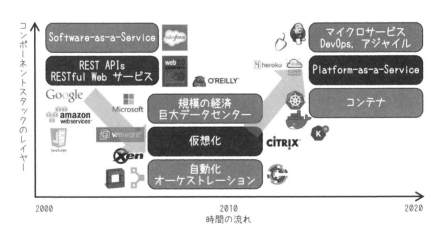

図2.2　クラウドコンピューティングにおけるトレンドの推移

2.1.2 クラウドサービスモデル

　SaaSが成功すると、次に注目されたのがSaaSベンダーにおけるITシステムの実装や運用です。SaaSベンダーはいかにして膨大なリクエスト／トランザクションをさばいているのか、SaaSベンダーのノウハウを適用することで、スケーラビリティに富み、可用性が高く、よりセキュアなエンドユーザーシステムが構築できるのではないか、という発想です。ここから、サーバーやネットワークなどのコンピューティングプラットフォームをクラウドサービスとして提供するInfrastructure-as-a-Service（**IaaS**）が登場します。2006年には流通大手のAmazonがAmazon Web Servicesを開始し、2009年にはMicrosoftが米国シカゴ郊外とアイルランドに巨大なデータセンターの建設を始め、クラウドビジネスに乗り出します。Amazon Web Servicesが先鞭をつけ、Microsoftはじめ多くのITベンダーが参入したIaaSビジネスが大成功を収め、これに関連してサーバーやネットワークの仮想化技術、構成やデプロイの自動化技術が新たに開発／投入され、基盤構築のスピードアップと品質向上が図られました。このように2005年から2010年代初頭のクラウド関連の技術的フォーカスは、どちらかといえば、サーバー、ネットワークなど基盤技術に偏っていました（図2.2の中央部分）。

　ITシステムは、基盤とアプリケーションの双方から構成されています。基盤のイノベーションはアプリケーションのイノベーションを触発しますし、その逆もありえます。2010年前後に盛り上がりを見せたクラウドコンピューティングによる基盤の技術革新は、その上位層にも影響を与えます（図2.2の右部分）。

　その1つが、Platform-as-a-Service（**PaaS**）です。ハードウェアやネットワークをマネージドサービスとして提供するIaaSに対して、PaaSはミドルウェアから下位層に位置するコンピューティングスタックをマネージドサービスとして提供します（図2.3の中央）。アプリケーション開発者は、OSやミドルウェアなどの導入や構成を気にすることなく、アプリケーション開発に集中できるというのがPaaSのメリットです。Heroku、Cloud Foundry、Google App Engine、AWS Elastic Beanstalk、Microsoft Azure App ServiceなどがPaaS実装として知られています。

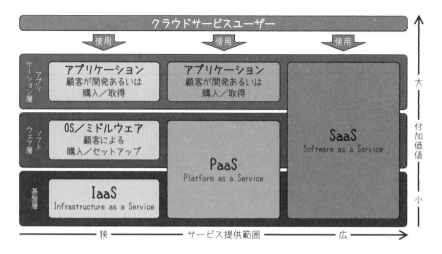

図2.3　クラウドサービスモデル

　また、アプリケーション開発／運用のイノベーションとして、**継続的インテグレーション**（Continuous Integration：**CI**）、**継続的デリバリー**（Continuous Delivery：**CD**）、DevOps、アジャイル開発プロセスが注目され、クラウドコンピューティングを形成する手法と見なされるようになりました。すでに2000年代初頭より、Cruise ControlやHudson（現・Jenkins）などを利用してパイプラインを構築し、ビルドや単体テストを自動化するCIの試みは始まっていました。また、アジャイル開発プロセスの歴史は前世紀にさかのぼることができます。クラウドコンピューティングとは直接関係してこなかったこれらの手法だけでなく、DevOpsやCDも取り込んだ動機は、アプリケーション開発／運用のスピードアップと柔軟性の実現にあります。

　IaaSによって基盤構築の高速化は果たされましたが、これまでと同じスピード感でアプリケーション開発を進めているようでは、クラウド採用の効果が損なわれてしまいます。基盤に加えてアプリケーション開発／運用にスピード感と柔軟性をもたらすため、CI、CD、DevOpsといった手法がクラウドコンピューティングを形成する技術として取り込まれるようになったのです。そして、本書のテーマである**マイクロサービス**も、クラウドプラットフォーム上で稼働するアプリケーションを開発し運用するためのアーキテクチャスタイルとして注目されるようになりました。

　マイクロサービスとは、基盤構築のスピード感にあわせて、アプリケーション開発とメンテナンス（変更）を、タイムリーに素早く行うための設計／開発／運用手法をまとめたものです。その中心となるのは、サービスと呼ばれる独立して開発／稼働されるソフトウェアコンポーネントを複数組み合わせることで1つのアプリケーション

を開発するというソフトウェア構造にあります。

　各サービスは個別に開発され、それぞれ独立して各稼働環境にデプロイできる構造を有しています。各サービスを置き換えることによって、容易にアプリケーションの変更が可能となるのです。サービスベースの開発、アジャイル開発プロセスは目新しいものではなく、2000年代のSOAの時代より実践されてきたものです。マイクロサービスとは、そのような過去の知見をベースとして、Web 2.0やクラウドコンピューティングなどの昨今の技術トレンドを取り入れたアーキテクチャスタイルといえます。

　クラウドコンピューティングの歴史を概観してきましたが、2020年のクラウドが2000年代のクラウドとは異なるものであることがおわかりいただけたでしょう。SaaSというアプリケーション層に訴えるサービスとして始まったクラウドコンピューティングは、2010年前後でIaaSという基盤層のイノベーションが先行し、PaaSやマイクロサービスへの注目から今再びアプリケーション層のイノベーションにフォーカスしつつあります（図2.2の右部分）。

　クラウドは単純に使うモノから、作るための道具にもなりました。また、基盤を素早く構築し、スマートに運用するだけでなく、クラウド基盤に見合ったアプリケーションを作れば、よりスピーディかつ柔軟にシステムを構築し運用することができるようになってきたのです。このようにクラウドを前提として、設計／構築／開発／運用するコンピューティングスタイルのことを**クラウドネイティブコンピューティング**と呼びます。

2.2 ‖ クラウドネイティブコンピューティング

　クラウドネイティブコンピューティングとは、具体的にどのようなものなのでしょうか？　残念ながら本書執筆時点ではクラウドネイティブコンピューティングを定義する国際的な標準仕様はありません。しかしながらクラウドネイティブを冠にする業界団体はあります。それがCloud Native Computing Foundation（**CNCF**）です。

　2015年、クラウドネイティブコンピューティングの普及を推進する業界団体としてCNCFは結成されました。CNCFはLinux Foundation傘下のプロジェクトであり、AWS、Google、Microsoft、Alibabaなどビッグネームがプラチナメンバーに名を連ね、日本勢含め総メンバー数400を超える巨大組織となっています。CNCFは、オープンソースを活用しベンダー中立のクラウドのエコシステム確立を目指すとうたっています。

CNCFはその団体名にも含まれている「クラウドネイティブコンピューティング」に独自の定義を与えています。GitHub上で公開されており[※1]、日本語訳も併記されているので、ぜひ見てみてください。

ここでは、CNCFによるクラウドネイティブコンピューティングの定義を基に、その概要を解説します。まずクラウドネイティブコンピューティングの目的は、**スケーラブルなアプリケーションを構築／運用すること、そしてITシステムに対して、最小限の工数で、頻繁かつ予測通りにインパクトのある変更を加えること**にあります。その先にあるビジネス側の目標は、不特定多数のビジネストランザクションに応えられる大規模システムを、素早く構築し、マーケットニーズに柔軟に応えられるようにすることです。DXで求められるスピード感と柔軟性を実現することが、クラウドネイティブコンピューティングの目標でもあるといってよいでしょう。このような技術的かつビジネス上の目的を実現するために、パブリッククラウド、プライベートクラウド、ハイブリッドクラウドを活用し、疎結合システムを目指します。具体的な手法としては、「コンテナ」「サービスメッシュ」「マイクロサービス」「イミュータブルインフラストラクチャ」「宣言型API」を活用するとしています。さらに、理念としてはオープンソースを積極的に適用することで、ベンダー中立のエコシステム実現を掲げています。

次に、クラウドネイティブコンピューティングという新たなコンセプトには何が組み込まれているのか、探ってみましょう。これにはCNCFがWebサイトで公開している**Cloud Native Interactive Landscape**[※2] が役立ちます。

Cloud Native Interactive Landscapeは、クラウドネイティブコンピューティングに関連するテクノロジーを整理／分類し、全体を把握できる鳥瞰図となっています（図2.4）。これを参照すると、クラウドネイティブコンピューティングの関連技術は、基盤（Platform）、オーケストレーション（Orchestration & management）、アプリケーション基盤（Runtime）、アプリケーション開発（App Definition and Development）、運用監視／分析（Observatory and Analysis）、サーバーレスといった各分野をすでにカバーしており、実践に足りうる局面となっていることがわかります。

※1　https://github.com/cncf/toc/blob/master/DEFINITION.md
※2　https://landscape.cncf.io/

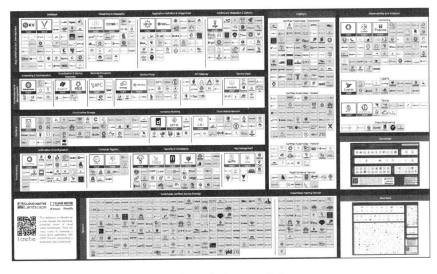

図2.4 Cloud Native Interactive Landscape (https://landscape.cncf.io/)

2.3 クラウドネイティブコンピューティングを支える技術要素

Cloud Native Interactive Landscapeには、耳慣れないテクノロジーや製品が数多くリストアップされています。クラウドネイティブコンピューティングを知るための参考になりますが、どこから始めるべきかとまどうかもしれません。クラウドネイティブコンピューティングをどこから始めるべきか迷ったときに、目安となるのが、**Cloud Native Trail Map**[※3] です（図2.5）。

Cloud Native Trail Mapは、CNCFがGitHub上で公開しているチャートで、ITシステムをクラウドネイティブ化するためのロードマップを示しています。クラウドネイティブコンピューティングに取り組む際、技術適用の順番を判断するための1つの目安になるでしょう。

※3 https://github.com/cncf/trailmap

図2.5　Cloud Native Trail Map（https://github.com/cncf/trailmap）

　様々な技術分野がありますが、筆者が特に重要視するのは、コンテナ化（Containerization）、コンテナオーケストレーション（Orchestration & Application definition）、マイクロサービス、そしてDevOps（CI/CD）です。設立当初からCNCFに注目していた方はご存じだと思いますが、2016年前後の設立から間もない頃、CNCFはクラウドネイティブを構成する技術要素として、「コンテナ」「（コンテナ）オーケストレーション」「マイクロサービス」の3つを挙げていました。コンテナと、そのオーケストレーションは基盤のイノベーションの核、マイクロサービスはアプリケーションイノベーションのポイントとして認識されていたのです。その後、クラウドネイティブコンピューティングのコンセプトが成熟し、今やより多くの技術要素を包含するようになりましたが、コンテナ、コンテナオーケストレーション、マイクロサービスの重要性は変わらないと筆者は考えています。初期のクラウドネイティブを

構成する3つの技術要素に加えて、DevOpsを重要視する理由は2つあります。1つ目は、**アプリケーションの開発／運用をスピードアップするには開発／運用手法の改善が必要**であることです。また、**DevOpsはクラウドネイティブコンピューティングだけでなく、従来型のシステムやアプリケーション開発にも有用**です。これが、筆者がDevOpsを重要視する2つ目の理由です。

　ここで、クラウドネイティブコンピューティングを支える技術要素として、コンテナ、コンテナオーケストレーション、そしてDevOpsについて簡単に解説します。なお、マイクロサービスについては節をあらためて説明します。

2.3.1　コンテナ

コンテナは、サーバーの仮想化を実現するソフトウェアソリューションです。現在最もポピュラーであるDockerコンテナは、dotCloud, Inc.（現・Docker, Inc.）が開発し、2013年3月にリリースを開始しました。Dockerコンテナは、商用版もありますが、無償版もあり、Apache License 2.0ライセンスのもと、オープンソースソフトウェアとして配布されています。

　コンテナの特徴は、Linuxカーネル機能を利用して、OSレベルで仮想環境を実現している点にあります（図2.6）。すなわち、コンテナ型の仮想化では、1つのLinux OS上で、複数の仮想環境がホスティングされることになります。

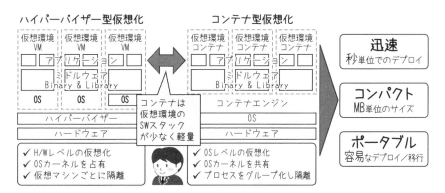

図2.6　コンテナ型仮想化とハイパーバイザー型仮想化の比較

　一方、コンテナ登場以前に広く利用されていたハイパーバイザー型の仮想化は、ハードウェアレベルで仮想環境を実現します。つまり、1つのハードウェア上で、複数

の仮想環境がホスティングされるのですね。ハイパーバイザー型仮想化では、仮想環境がそれぞれ個別のOSイメージを有しますが、コンテナ型仮想化では、仮想環境がそれぞれ個別のOSイメージを持つことはなく、OSは共有されます。

　両者のこの違いが、それぞれの仮想化における仮想環境イメージのサイズに影響を与えます。コンテナ型仮想化では、それぞれの仮想環境イメージ（コンテナイメージ）はOSイメージを持つ必要はありません。そのため、コンテナ型仮想化では、仮想環境のデプロイや起動がスピーディというメリットがあります。また、先述の通り、コンテナはオープンソースとしてリリースされていることに加えて仕様の標準化が進んでいることもあって、メジャーなクラウドベンダーのプラットフォーム上でコンテナ技術がサポートされています。コンテナ型仮想化では、コンテナ化されたアプリケーションのポータビリティが担保され、投資が保護される、という利点もあるのです。

2.3.2　コンテナオーケストレーション

　本番システムを運用するにあたり、単一のサーバープロセスでアプリケーションを運用することはまずありません。通常は可用性とスケーラビリティを担保するために、複数のアプリケーションサーバーから成るクラスターを構成し運用します。

　アプリケーションの稼働環境としてコンテナを採用した場合も、同じことがいえます。むしろ、コンテナを採用した場合には、クラスター構成とその管理はより重要になるといえるでしょう。クラウドネイティブコンピューティングにおいて、コンテナはマイクロサービスにおける各サービスの稼働環境として利用されます。マイクロサービススタイルの設計をした場合、1つのアプリケーションが複数のサービスから構成されることは珍しくありません。1つのアプリケーションを、複数のコンテナで支えるモデルになるのです。つまり、従来型アーキテクチャに比較して、クラウドネイティブコンピューティングでは、管理すべきクラスターメンバー（コンテナ）の数が格段に増えることが想定されます。これらのコンテナを一つ一つコマンドで構成／管理することは現実的ではありません。そこで求められるのが**コンテナオーケストレーション**です。

　一般にコンテナオーケストレーションとは、コンテナクラスターの管理／運用を中心に、コンテナクラスターのデプロイ、名前解決、ルーティング、サービスディスカバリ、ロードバランシング、スケーラビリティ、障害時のセルフヒーリングといった機能を提供します。いわば、クラウド基盤を支えるオペレーティングシステムのように、基盤運用機能を提供し、コンテナアプリケーションのライフサイクルを管理するのが、コンテナオーケストレーションの役割です（図2.7）。

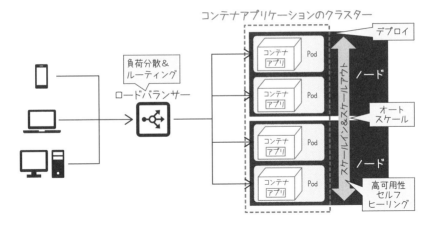

図2.7　動的オーケストレーションの基本機能

　コンテナオーケストレーションには様々な実装がありますが、本書執筆時点で最も広く利用されているのがKubernetesです。Kubernetesの原型は、もともとGoogleの社内プロジェクトで開発し利用されていたもので、CNCFへの寄贈によりオープンソースとして開発が継続され、2015年CNCFよりバージョン1.0がリリースされました。非常に活発に開発が続いており、四半期ごとにバージョンアップを繰り返しています。

2.3.3　DevOps

　ITシステムの構築／開発／運用を担う組織体は、開発チーム（Development）と運用チーム（Operations）から構成されるケースが一般的ですが、両チームの協業はなかなか難しく、シームレスな連携が取れていないことが多いようです。作業の効率化の目標の達成には、両者の密な連携が望ましいことは、いうまでもありません。

　DevOpsとは、開発チームと運用チームの連携によって、スピーディ、高頻度、そして確実なITシステムの開発とテストリリースを目指すプラクティスです。DevOpsを規定する標準的な定義はありませんが、IT関連組織に的を絞った狭義のDevOpsだけでなく、事業部門（ユーザー部門）や一般消費者（エンドユーザー）まで対象を広げた広義のDevOpsがあります。広義のDevOpsでは、事業部門の立案する戦略／計画と、ITシステム開発／運用、そして一般消費者のリアクションを密に連携させてエコシステムを確立し、高頻度かつスピーディにフィードバックループを回すことで、ビ

ジネス目標の達成とビジネス成果の最大化を狙います（図2.8）。

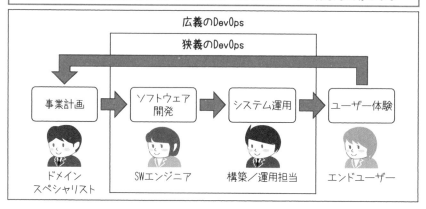

● 狭義においては、ITシステムの開発と運用を対象とする
● 最終的なゴールを視野に入れた場合、ビジネス計画とユーザー体験も対象となる

広義のDevOps

狭義のDevOps

事業計画　→　ソフトウェア開発　→　システム運用　→　ユーザー体験

ドメインスペシャリスト　SWエンジニア　構築／運用担当　エンドユーザー

図2.8　DevOps

　以上がDevOpsについての一般的な解説ですが、いま一つ腹オチしない方もいるのではないでしょうか？　実は筆者もその1人です。アジャイル開発プロセスやCDなど、開発と運用の連携を求めたり促す手法や技術は他にもあります。それらとDevOpsの違いがわかりづらいのです。そこで、DevOpsと類似／関連する手法／技術の関係をひもときながら、DevOpsの本質について解説しましょう。

　DevOpsのゴールである開発チームと運用チームを連携させるには、技術的な側面もありますが、むしろ運営の変更、さらにいえばカルチャーの変更に取り組むことになります。具体的にいえば、開発と運用を連携させるための「組織改革」、連携のための「手法」、そしてスムーズな連携のための「効率化」が求められるのです（図2.9）。

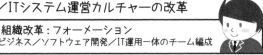

ビジネス／ITシステム運営カルチャーの改革

組織改革：フォーメーション
ゴールを共有できるビジネス／ソフトウェア開発／IT運用一体のチーム編成

手法：メソッドプラクティス
ゴール実現に必要なタスクを迅速かつ継続的に運営するノウハウ

効率化：ツールチェーン
ゴール実現に必要なタスクを効率的に履行する仕組み

図2.9　DevOpsの構成要素

　一方、アジャイル開発プロセスとは、迅速かつ柔軟にソフトウェア開発を行うためのソフトウェア開発手法群の総称です。すなわち、DevOpsで取り組むべき「手法」の部分を実装するのがアジャイル開発プロセスになります。

　また、CDとは、短い周期でソフトウェアをリリースするためのソフトウェアエンジニアリングの手法であり、その実現のためにデプロイメントパイプライン（CDパイプライン）を活用します。**デプロイメントパイプライン**とは、コンパイル、ビルド、テスト、デプロイを自動化するためのツール、ソリューションです（図2.10）。アプリケーション開発者がGitHubなどのSoftware Configuration Management（SCM：ソースコードリポジトリのようなもの）にソースコードをコミットすると、コンパイル、ビルド、単体テストが自動的に実行され、さらにステージング環境へのデプロイとテストも自動化されます。つまり、DevOpsで取り組むべき「効率化」の部分を実装するのがCDになります。

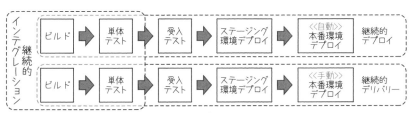

■継続的インテグレーションはソフトウェアを統合する
■継続的インテグレーションは、継続的デリバリー／デプロイの一部分と見なされる
■継続的デプロイは自動的に本番環境にデプロイする
■継続的デリバリーは手動で本番環境にデプロイを開始する

図2.10　デプロイメントパイプライン

以上のことから、DevOpsとアジャイル開発プロセスとCDは相反するモノではなく、むしろ補完しあうモノであることがおわかりいただけるでしょう。DevOpsによるカルチャー変革の中で、「手法」を対象に適用されるべきものがアジャイル開発プロセスであり、「効率化」のために活用される技術がCDのデリバリーパイプラインになるのです。そしてDevOpsは「組織変革」を含め、全体を統括し整合性を取るフレームワークという位置づけになります（図2.11）。

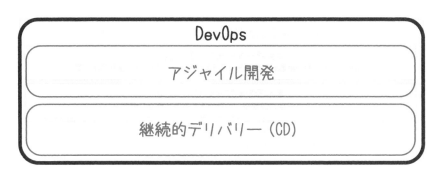

図2.11　DevOps、アジャイル開発プロセス、CDの位置づけ

DevOpsは、アジャイル開発プロセスやCDといった既存の手法／技術と連携しながら、アプリケーション開発／運用の効率化という観点から、ITシステム開発／リリースのスピードアップと柔軟な変更の実現に寄与するのです。

2.3.4　クラウドネイティブコンピューティングをすすめる理由

クラウドネイティブコンピューティングの中核を成すコンテナ、オーケストレーション、マイクロサービス、そしてDevOpsを推奨する理由は3つあります。1つ目の理由は、**ITシステム開発／運用のスピードアップと品質向上**です（図2.12）。コンテナとオーケストレーションを基盤に採用することで、基盤構築をスピードアップすることができます。DevOpsは基盤とアプリケーションのデプロイを自動化し、素早い開発／テスト／運用を実現するだけでなく、自動化によって操作のミスを最小化し、品質向上に寄与します。またスピードと自動化は、一度リリースしたITシステムの、柔軟でタイムリーな変更を可能にします。

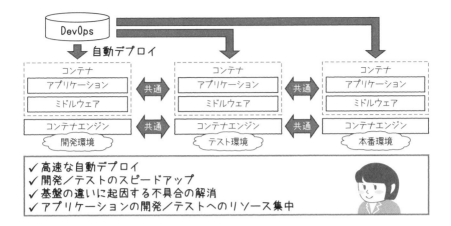

図2.12　クラウドネイティブコンピューティング：スピードアップ＆品質向上

　2つ目の理由は、**スケーラビリティと高可用性**です（図2.13）。Kubernetesなどのオーケストレーションフレームワークを活用すれば、コンテナアプリケーションのクラスターを容易に作成し管理することができます。また、クラスターは、パブリッククラウドとオンプレミス（プライベートクラウド）にまたがったハイブリッドクラウド環境に構築することが可能です。オーケストレーションの提供するロードバランシング、スケーラビリティ、セルフヒーリングといった機能によって、本番システム運用に耐えうるスケーラビリティと高可用性を実現できます。

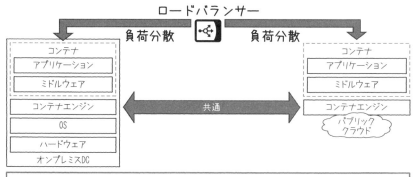

図2.13　クラウドネイティブコンピューティング：ハイブリッドクラウド（スケーラビリティ＆高可用性）

　最後の理由は、**投資の保護**です（図2.14）。コンテナやKubernetesといったオーケストレーションフレームワークは、メジャーなクラウドサービスプロバイダやクラウド関連製品によってサポートされています。一度、コンテナアプリケーションを作成しておけば、最小限の修正で、容易に他のクラウドサービスプロバイダが提供するプラットフォームに移行することが可能です。また、複数のクラウドサービスプラットフォームにまたがったマルチクラウド環境も、比較的容易に構築できます。

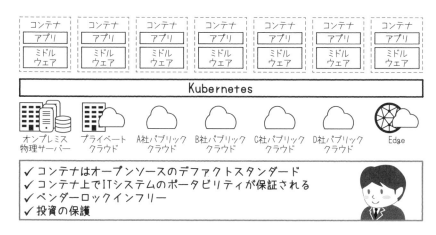

図2.14　クラウドネイティブコンピューティング：投資の保護

2.4 ∥ マイクロサービスとは何か

　マイクロサービスとは、クラウドネイティブコンピューティングの中核を担う手法／技術であり、クラウド基盤に特化されたアプリケーション、すなわち「クラウドネイティブアプリケーション」開発／運用のアーキテクチャスタイルです。ITの世界で「アーキテクチャ」という用語を目にすることは少なくありませんが、アーキテクチャスタイルとは何でしょうか？

　アーキテクチャスタイルとは、建築様式を意味します。ソフトウェアエンジニアリングの世界では、建築業界の手法や用語を取り入れることが少なくありません。アーキテクチャ（建築術、構造）、アーキテクチャスタイル（建築様式）、共に建築用語を拝借したものです。また、有名な「デザインパターン」も、もともとは建築用語です。**アーキテクチャ**とは、構成要素と、構成要素同士の関係を表したもの、すなわち建造物の「構造」を表現するものです。構造は、建造物の根幹を成すものですが、それだけでは家やビルは建ちません。建造物を作るための手法であったり、木や鉄、コンクリートといった素材／材料、そして装飾等があって初めて家やビルは完成します。このように構造を具現化するための周辺の技術／手法／材質／装飾などをまとめて**アーキテクチャスタイル**と呼びます。

　たとえば、ヨーロッパ中世／近世建築の代表的なアーキテクチャスタイルとして、ロマネスク、ゴシック、ルネサンス、バロックなどがあります。ヨーロッパ旅行をしたことがある方なら、「この教会はゴシック様式の高い尖塔（せんとう）を持っており……」といった説明を聞いたことがあるでしょう。マイクロサービスは、建築業界におけるゴシックやバロックのような、ITにおける建築様式なのです。アーキテクチャスタイルという用語に仰々しさを感じるならば、ベストプラクティスを集めたもの、と考えてもよいでしょう。

2.4.1 マイクロサービスアーキテクチャ

　それでは、アーキテクチャスタイルとしてのマイクロサービスの根幹を成す**マイクロサービスアーキテクチャ**とはどのようなものなのでしょうか？　マイクロサービスアーキテクチャの中核は、サービスと呼ばれる独立して開発され、稼働するソフトウェアコンポーネントを、複数組み合わせることで1つのアプリケーションを構成するというソフトウェア構造にあります。これを具現化するための技術として、コンテナ、オーケストレーション、RESTやメッセージングがあり、手法としてDevOps、ア

ジャイル開発プロセス、CD、ドメイン駆動設計（Domain Driven Design：DDD）が
あり、これらが共にアーキテクチャの周辺を固め、アーキテクチャスタイルとしての
マイクロサービスが成り立っているのです（図2.15）。

基盤／稼働環境	開発／運用手法
PaaS コンテナ&オーケストレーション ソフトウェアディファインドネットワーク(SDN) ・・・	DevOps アジャイル開発プロセス ドメイン駆動設計（DDD） サイトリライアビリティエンジニアリング(SRE) ・・・

マイクロサービスアーキテクチャ
サービスを組み合わせてアプリケーションを構成するソフトウェア構造

開発／運用環境	アプリケーションインテグレーション
継続的インテグレーション(CI) 継続的デリバリー（CD） 継続的モニタリング（CM） ・・・	Web API (REST, RPC) メッセージング API管理 結果整合性 ・・・

図2.15　マイクロサービスアーキテクチャスタイル

　マイクロサービスの歴史をさかのぼると、2010年代の初頭にはその原型があった
ようですが、2014年3月のMartin Fowler氏とJames Lewis氏によるWebサイトへの
投稿を機に世に広まりました[※4]。この投稿で、米国ThoughtWorks社の著名なアー
キテクト／コンサルタントである両氏が、ITシステムの開発運用の現場からのフィー
ドバックをマイクロサービスとしてまとめ上げています。

　マイクロサービスアーキテクチャによって、アプリケーションは独立したソフトウ
ェアコンポーネント、すなわちサービスに分割されます。そして1つのリクエストを
処理するにあたり、各サービスはRESTやメッセージングで通信する、分散コンピュ
ーティング環境を構成します。Fine-grained（細粒度）の構造と分散コンピューティ
ングがマイクロサービスアーキテクチャの最大の特徴であり、これはメリットとな
り、デメリットにもなります。

　マイクロサービス適用のメリットについていえば、細粒度のソフトウェア構造とい
う特徴から、アプリケーション全体を一度にリリースするビッグバン型手法ではな
く、アプリケーションの一部を段階的にリリース、変更するという柔軟性を提供しま
す（図2.16）。またスケールアウトやスケールインにあたり、リクエストが集中して
いるサービスのみを拡張あるいは縮小するということが可能となり、システムリソー
スの最適利用、稼働率改善に寄与します。さらに、サーキットブレーカーと組み合わ
せれば、障害の影響範囲を局所化する（障害影響を1サービス内、1リクエスト内に

※4　https://martinfowler.com/articles/microservices.html

とどめる）ことも可能です。このような細粒度のソフトウェア構造はCDによる高頻度のデリバリーにマッチしています。

・きめ細かなアプリケーションのリリース
・素早く、柔軟なアプリケーションの変更／メンテナンス
・きめ細かなスケーリング
・障害の影響を最小化
・継続的デリバリー／継続的デリバリー実現のベース

図2.16　マイクロサービス適用のメリット

　一方で、細粒度、分散コンピューティングといった特徴はネガティブな影響ももたらします（図2.17）。1つのユーザーリクエスト処理の都度、サービス間通信が発生する可能性があり、パフォーマンスに与える影響が気になります。また、アプリケーションだけではなくデータも分散配置されるため、DB間の整合性や同期の手法、運用／監視の仕組みを整備しなければなりません。さらに、サービスモデリング手法の学習コストと、各サービスを包含するシステム全体の設計の整合性に配慮する必要もあります。

・サービス間通信のレイテンシ
・分散配置されたデータの同期
・分散コンピューティング環境の運用／監視コスト
・システム全体の設計の整合性／統一性
・サービスモデリング手法の学習コスト

図2.17　マイクロサービス適用の考慮事項

　このような困難さもつきまとう中、なぜマイクロサービスを適用するのでしょうか？　その一番インパクトのある動機は**アプリケーション個別の保守を可能にする柔軟なモジュラー構造（サービス）の実現**にあります。DXを実践するにあたって一番重要なポイントは**スピード**と**柔軟性**です。いち早くマーケットに名乗りを上げて先行者利益を確保するスピード感と、万一、マーケットのニーズにマッチしない場合には即座に商材を変更する柔軟性が求められるのです。同じことが、DXを実装するITシステムに対してもいえます。素早くシステムをリリースするスピード感と、タイムリーにシステムを変更／メンテナンスできる柔軟性が求められます。このようなニーズに応える基盤技術がコンテナであることに対し、アプリケーション側のソリューションがマイクロサービスです。つまり、DXを実践するには、コンテナ化を進めるだけでなく、アプリケーションの設計と運用にマイクロサービスの考え方を取り入れるこ

とが必要なのです。

2.5 ‖ マイクロサービスの特徴

　Martin Fowler氏とJames Lewis氏は、先述のWebサイトへの投稿で、マイクロサービスの9つの特徴を挙げています（図2.18）[※5]。これらはマイクロサービスを適用する上で絶対的な条件というわけではなく、状況に応じてこれらの特徴を取り込めば、自ずと当該環境に最適なマイクロサービス化を図ることができるとされています。彼らの見解を基に、マイクロサービスの実態を探ってみましょう。

[1] サービスによるコンポーネント化
[2] ビジネス機能に基づいたチーム編成
[3] プロジェクトではなく製品として捉え開発運用する
[4] インテリジェントなエンドポイントとシンプルなパイプ
[5] 非中央集権的な言語やツールの選択
[6] 非中央集権的なデータ管理
[7] 基盤の自動化
[8] 障害、エラーを前提とした設計
[9] 先進的な設計

図2.18　マイクロサービスの特徴

2.5.1　サービスによるコンポーネント設計

　マイクロサービスでは、サービスによるコンポーネント化を推奨しています（図2.18の[1]）。独立したコンテナ上にデプロイされて稼働するサービスは、個別に置き換えることができるため、アプリケーションの変更が容易であるばかりでなく（図2.18の[9]）、細かな単位でのスケーラビリティを実現できるからです。

　非マイクロサービスの従来型アーキテクチャスタイルであるモノリス（Monolith：一枚岩という意味）では、アプリケーションプログラムは大きなパッケージにまとめ上げられてバージョン付けされ、管理されます（図2.19の左）。アプリケーションの一部のロジックの改修に際しても、アプリケーション全体のコンパイル、ビルド、テスト、デプロイが必要となります。マイクロサービスを適用して、アプリケーションを複数のサービスで構成しておけば、改修対象のサービスについてのみ作業を行うだけで済みます（図2.19の右）。

※5　https://martinfowler.com/articles/microservices.html

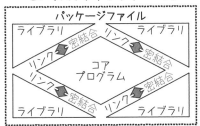
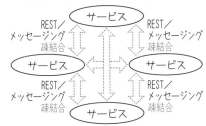
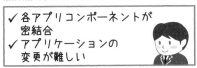

図2.19　ソフトウェア構造比較：モノリスVSマイクロサービス

　マイクロサービスにおけるサービス間の通信には、軽量でシンプルな通信手段を用います。RESTや、軽量なメッセージングがその例です（図2.18の［4］）。メッセージングエンジンとしてESBを利用する際には、あくまでメッセージング用途にのみ用いることを推奨しています。ESBが提供するメディエーションの利用は推奨されません。メディエーションとはESBの基本機能の1つで、メッセージング処理の過程で、メッセージ変換、ルーティング、他任意の処理を加える機能です。メディエーションの仕組みは複雑で、不具合の原因になることが少なくありません。これがマイクロサービスにおいて、メディエーションが推奨されない理由です。

2.5.2　開発／運用体制

　マイクロサービスでは、1つの開発／運用チームが1つのサービスの開発／運用を担います。すなわち1つのサービスが責務を負うビジネス機能の単位で、開発／運用チームを編成することを推奨しています（図2.18の［2］）。そして、チームが自律して開発／運用を進めることができるように、チームは各分野のスペシャリストで編成します。チーム規模は小さく抑えつつ、ユーザーインターフェースのデザイナー、アプリケーションを開発するソフトウェアエンジニア、DBスペシャリスト、運用を担うサイトリライアビリティエンジニアなどをチームメンバーに擁します。

　このようなチーム編成の指針となるのが、**コンウェイの法則**（Conway's law）です。ITシステムの構造はプロジェクト体制を反映する、というのがこの法則の骨子です。従来型の体制でよく見られるように、開発チームをユーザーインターフェース、アプ

リケーションサーバー、DBに分割すると、それぞれのチームの成果物が1つの層を成す、伝統的な3層構造となることが珍しくありません。マイクロサービスの目標は、3層構造のWebアプリケーションを作り上げることではなく、独立してメンテナンス可能なサービスを作成することにあります。コンウェイの法則に従い、1つのサービスの開発運用を、1つのチームが担うのは、理にかなった判断です（図2.20）。

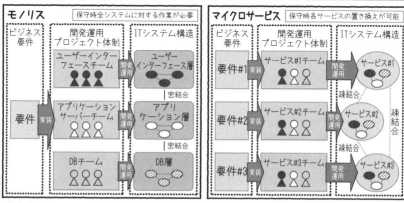

図2.20　コンウェイの法則の適用

　アーキテクチャスタイルとしてマイクロサービスと相性のよい開発プロセスは、アジャイル開発プロセスです。運用もしながら、エンドユーザーのフィードバックを受けて開発を繰り返し、少しずつ、かつ、タイムリーにアプリケーションのリリースを継続するのです。チームは、1回限りのプロジェクトとしてソフトウェアを開発するのではなく、あたかも製品のようにアプリケーションの開発と運用の両面に責任を負うことが推奨されます（図2.18の［3]）。

2.5.3　開発環境と永続データストアのガバナンス

　ITシステム開発／運用の現場において、標準化は非常に重要であり、用語に始ま

り、ソフトウェア製品の種類やバージョン、プログラミング言語など、プロジェクトで取り扱うあらゆるものを、可能な限り統一するよう試みます。

このような従来一般的と思われていた標準化の方針とは異なり、マイクロサービスでは、プログラミング言語やデータベースの選定を、各開発／運用チームに委ねます（図2.18の［5］と［6］）。したがって、明確な理由があり、それぞれのサービスの開発／運用にとって最適な選択なのであれば、サービスごとにプログラミング言語やデータベースが異なるという状況もありえます。つまり、あるサービスはJavaで実装しRDBを利用する一方で、他のサービスはPythonで実装しNoSQL DBを利用する、ということがマイクロサービスでは許容されるのです。

このような定石外しが許される背景には、マイクロサービスにおけるサービスの構造と開発／運用体制が関係しています。アプリケーションの一部を担うサービスではありますが、独立したプロセスやコンテナ上で稼働します。そして、各サービスは、それぞれ個別のチームによって開発／運用されます。いわば、各チームと各サービスは、独立したプロジェクトやアプリケーションのようなものであり、それぞれ異なるプログラミング言語やデータベースを利用しても、技術的にも運営上も問題が発生しないのです。このようなことから、マイクロサービスでは、開発環境と永続データストアは、プロジェクトによる中央集権ではなく、各チームによる分散統治が許されています。

2.5.4 基盤に対する考慮

マイクロサービスは、基盤環境構築、ソフトウェアのコンパイル、ビルド、テスト、デプロイの自動化、すなわちCDを推奨します（図2.18の［7］）。自動化は開発リリース、メンテナンスのスピードアップを促し、オペレーションミスを減らします。またテストを自動的かつタイムリーに実施できるので、システムの品質向上に寄与します。

ITシステムでは必ず不具合が生じます。そこで、マイクロサービスは、障害発生を前提とした設計を提案しています（図2.18の［8］）。各サービスがログ／トレース機能を実装することはもちろんのこと、サーバーやネットワークも含めたメトリクスを監視し、タイムリーな障害検知と対応に備えることを推奨しています。

2.6 | マイクロサービスにおける開発／運用の流れ

　マイクロサービスにおける開発／運用の流れは、他のアーキテクチャスタイルにおける場合とほぼ同じものです。ドメイン分析（ITシステム開発対象であるビジネス領域の分析と要件の洗い出し）と設計があり、開発を行って、システムをリリースし、それを運用します。ただしアジャイル開発プロセスの適用が推奨されているので、今説明した開発／運用の流れを繰り返すこととなります（図2.21）。あらかじめ、対象のドメインを分割し、最初のイテレーション（開発の繰り返し）ではドメイン分割されたAという部分を対象とし、次のイテレーションではBという部分を対象とする、といった具合に、徐々に開発とリリースを進めていくのです。

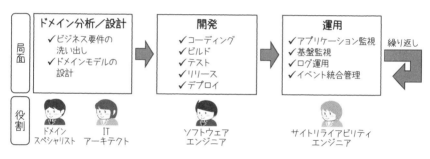

図2.21　マイクロサービスの開発／運用の流れ

　各局面を担う担当者もアジャイル開発の影響を受けています。ドメイン分析／設計は、ITアーキテクトに加えてドメインスペシャリスト（ビジネスの専門家）の関与が推奨されます。特にドメイン分析は、ビジネスの詳細情報が必要になるため、ビジネスの専門家の助けが必要なのです。開発はプログラマーたるソフトウェアエンジニアが担当し、運用はサイトリライアビリティエンジニアに任せます。サイトリライアビリティエンジニアとは、Googleが提唱する**サイトリライアビリティエンジニアリング**（Site Reliability Engineering：**SRE**）という手法にのっとって、ITシステム運用を担う役割です。SREとは従来人手を介して実施していた運用作業をソフトウェアで置き換える手法で、サイトリライアビリティエンジニアには、ソフトウェアエンジニア同様、プログラミングスキルが求められます。

2.7 ‖ マイクロサービスの適用基準

　マイクロサービスは、万能薬ではありません。マイクロサービスの適用が向いているシステムもあれば、向いていないシステムもあります。Martin Fowler氏は、自身のWebサイトで、マイクロサービスの適用基準についても言及しており、マイクロサービスの適用が向いていない状態を**マイクロサービスプレミアム**と呼んでいます（図2.22）。プレミアム（Premium）には「高級な」という意味に加え、「割高な」というネガティブなニュアンスもあります。マイクロサービスプレミアムを意訳すれば、「高くついちゃったマイクロサービス」というところでしょうか。

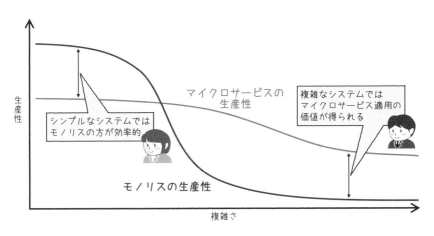

図2.22　マイクロサービスプレミアム

　マイクロサービスを適用するには、従来とは一風変わった組織体制、アジャイル開発プロセスの実践、ドメイン分析とサービスモデリング、基盤構築の自動化、分散システム環境の運用監視、分散配置されたデータベースの同期など、大掛かりなチャレンジが待ちかまえています。仮に、デザイナーとプログラマーの2人が2週間で開発／リリースできる単純かつ小規模システムに、マイクロサービスを適用することを想像してみてください。マイクロサービスのための準備に工数を要し、2週間の工期が倍以上かかりそうであり、マイクロサービスの適用は明らかにオーバースペックです。まさにマイクロサービスの適用が高くついた例といるでしょう。小規模で単純なシステムにはマイクロサービスは不向きなのです。

　では、マイクロサービスはどのようなシステムに向いているのでしょうか？

その答えは、大規模で複雑なシステムです。大規模なビジネスドメインのデジタル化、100名規模の大規模な開発チーム、複数システムの統合……このような大規模／複雑なシステム開発を、ガバナンスを利かせながら整合性をもって運営するのはなかなか大変です。このようなケースであればこそ、対象領域（ドメイン）を分割し、それぞれを独自に開発／運用するマイクロサービスが向いているのです。

　しばしば、「これは小規模なシステムだからマイクロサービス化してみよう」という発言を耳にすることがあります。マイクロサービスに不慣れなチームが、トレーニングのためにあえて小規模なシステム開発にマイクロサービスを試行してみよう、ということであればまだしも、本番システムの開発であれば、やめておいたほうがよいでしょう。

第 3 章

マイクロサービス
アーキテクチャの基本

マイクロサービスのエッセンスは、個別に開発／運用されて自律的に稼働するソフトウェアコンポーネントであるサービスと、それを組み合わせることでアプリケーションを構成する設計思想にあります。本章では、マイクロサービスの根幹を成すサービスの構造をはじめ、アーキテクチャのバリエーション、データベースとトランザクションの処理、そしてサービス間連携の概要について説明します。

3.1 ║ サービスの構造

　マイクロサービスにおける**サービス**の構造は、他のソフトウェアコンポーネント、たとえばサービス指向アーキテクチャ（Service Oriented Architecture：SOA）におけるサービス、そしてオブジェクト指向におけるオブジェクトと何ら変わるところはありません。

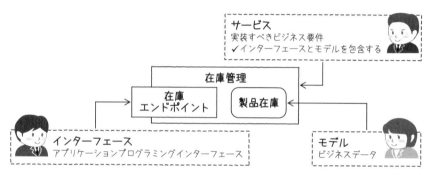

図3.1　サービスの構造

　ドメイン（問題領域）の解決／実装のため設けられるソフトウェアコンポーネントがサービスです。図3.1にサービスの例を取り上げていますが、この例では在庫管理業務にフォーカスしています。サービスは、ドメインの解決のためにビジネスロジックとモデル（ビジネスデータ）を包含し、それらを呼び出すためのインターフェース（アプリケーションプログラミングインターフェース：API）をクライアントに提供します。

　ビジネスデータとはいわゆるデータベースであり、マイクロサービスではサービスを介してデータベースに格納されているデータにアクセスするスタイルを取ります。なお、データベースの実体、データベース管理システム（DataBase Management System：DBMS）はミドルウェア製品として提供されるケースがほとんどであり、ユ

ーザーアプリケーションでデータベースを物理的に包含（実装）することは一般的ではありません。「サービスがビジネスデータを包含する」とは、ある特定のデータベースにはある特定のサービスを介してアクセスする、といった設計方針を採るということです。さらにいえば、不特定多数のアプリケーションからデータベースを共有するような形態は、マイクロサービス的な設計ではありません。

3.2 レイヤードアーキテクチャ

モダンなソフトウェア設計において、ソフトウェアコンポーネントや機能を整理／管理するためにレイヤードアーキテクチャを用いることは、ほぼ定石となっています。レイヤーとは階層のことであり、ある特定の基準に基づいて複数の階層を設け、その階層構造にのっとって、ソフトウェアコンポーネントや機能を分類／管理するアプローチが**レイヤードアーキテクチャ**です。

マイクロサービスにおいてもレイヤードアーキテクチャを適用することは可能です。それがどのような形態になるのか、**ドメイン駆動設計**（Domain Driven Design：**DDD**）で例示される4層にあてはめて解説しましょう（図3.2）。

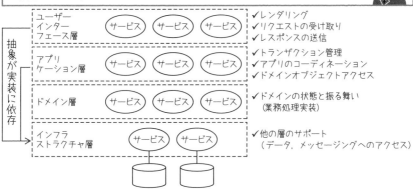

図3.2 レイヤードアーキテクチャ

一番上に描かれている層が**ユーザーインターフェース層**です。この層には、ユーザーインターフェースの構築／描画（レンダリング）、リクエスト／レスポンスの送受

信、それらに伴うデータ変換が責務として割り当てられ、この層にはそれらを担うサービスが配置されます。

次に位置するのが**アプリケーション層**です。この層に配置されるサービスは、アプリケーションコーディネーション、ドメインオブジェクトへのアクセス、トランザクションの管理等に責任を持ちます。より良い理解のためにアプリケーションのコーディネーションについて一歩踏み込んで説明を加えておきましょう。マイクロサービスでは、1つのユーザーリクエストを処理するために、次に説明するドメイン層のサービス（ドメインサービス）を、「複数」呼び出します。このとき、クライアントが複数のドメインサービスを、その都度ネットワークを介して呼び出すスタイルを取ってしまうと、ネットワークレイテンシからパフォーマンスに悪影響が生じる可能性があります。ネットワークのラウンドトリップを1回に絞ることでパフォーマンスに対する懸念を払拭するために、アプリケーション層のサービス（アプリケーションサービス）が、クライアントの代わりに複数のドメインサービスを呼び出すのです。Gang of Four（GoF）のデザインパターンにおけるFacadeに相当すると考えてよいでしょう。

アプリケーション層の下位に描かれているのが**ドメイン層**です。この層には、ドメインの状態と振る舞い（ビジネスロジック）を実装するサービス（ドメインサービス）を配置します。

最も下に位置するのが、**インフラストラクチャ層**です。この層の役割は、外部リソースに対するアクセスにあたり他の層をサポートすることで、多くの場合、データベースやメッセージングといった、外部システムとの連携をサポートするために用いられます。

3.2.1 制御の逆転（IoC）

シンプルでわかりやすいところに、レイヤードアーキテクチャ適用のメリットはあります。機能分割や構造化を進めやすく、ソフトウェアコンポーネントの組み合わせ開発の設計思想として向いているように見えます。

レイヤードアーキテクチャ適用にあたって、懸念の1つが、拡張性に乏しい点です。図3.2で明らかなように、レイヤードアーキテクチャでは、抽象が具象に依存している、言い換えれば、ソフトウェアコンポーネントが基盤実装に依存しています。通信プロトコルやデータベースといった基盤実装に変更が入るとユーザーインターフェースやアプリケーションにも影響が及び、プログラム修正を強いられるのです。レイヤードアーキテクチャは、プログラムはそのままに、基盤を新しい実装に置き換えるという拡張性の視点が欠けているのです。

このようなレイヤードアーキテクチャの欠点を補う発想に、**制御の逆転**（Inversion of Control：**IoC**）という考え方があります。単純にいえば、IoCとは、あるソフトウェアコンポーネントに依存する側と、依存されるソフトウェアコンポーネントの、「依存関係」を逆にすることです。Webアプリケーションを例にとって説明すると、アプリケーションプログラム（たとえばJava Servlet）は、通信プロトコル（たとえばHTTP）に依存しています（Java Servletで必要とされるパッケージにはHTTPに由来するものが多く含まれます）。IoCは、アプリケーションプログラム（Javaクラス）を、特定の通信プロトコル（HTTP）に依存しない構造とするために、通信プロトコル実装がアプリケーションプログラムを呼び出す形態に変えるのです。具体的には、コールバックや依存性注入（Dependency Injection：DI）という手法があります。DIはオブジェクト指向では広く使われており、またJavaの世界で有名なSpringももともとはDIコンテナとして始まりました。

　このように、レイヤードアーキテクチャの不得意とする拡張を補完する考え方としてIoCがあり、このIoCを取り入れたアーキテクチャとしてヘキサゴナルアーキテクチャがあります。ヘキサゴナルアーキテクチャは、マイクロサービスをはじめモダンなソフトウェア設計でよく使われる設計思想です。

3.3 ‖ ヘキサゴナルアーキテクチャ

　同心円状に描かれた六角形が象徴的な**ヘキサゴナルアーキテクチャ**は、不特定の入出力機能対応への拡張性を特徴とするアーキテクチャです（図3.3）。ドメイン（ビジネスロジック）を中心にすえて、その周囲を、ドメインを呼び出す入力元と、ドメインが働きかける出力先が取り囲んでいます。

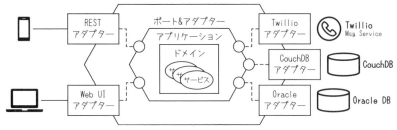

◆ アプリドメイン中心、入出力はポート&アダプターを介して連携
◆ 拡張性に柔軟 ： 抽象（アプリ）と具象（インフラ）が分離

図3.3　ヘキサゴナルアーキテクチャ

　ヘキサゴナルアーキテクチャの可能性の源は、外部入出力とドメインの中間に位置する「ポート&アダプター」にあります。**アダプター**は外部機能とやり取りするための実装を提供し、外部機能ごとに置き換えられます。例として、REST用のアダプター、A社製データベースのアダプターが、実装／提供されることが考えられます。一方、抽象化されたプログラミングインターフェースをドメインに提供するのが**ポート**です。ドメイン内で、ポートを介して外部機能にアクセスするコードを実装しておけば、外部機能を置き換えても、ドメインは影響を受けません。ポート&アダプターという仕組みを設けることで、外部機能に依存しないビジネスロジックを設計／実装するだけでなく、外部機能を置き換える拡張性も手に入れることになります。

　階層構造も考慮しつつ、ヘキサゴナルアーキテクチャをマイクロサービスに適用すると、図3.4のようになります。レイヤードアーキテクチャにおけるユーザーインターフェース層と、インフラストラクチャ層が利用するドライバー類がヘキサゴナルアーキテクチャのポート&アダプターに配置され、アプリケーションサービス、ドメインサービス、インフラストラクチャサービスの一部がヘキサゴナルアーキテクチャの中核の六角形に位置します。

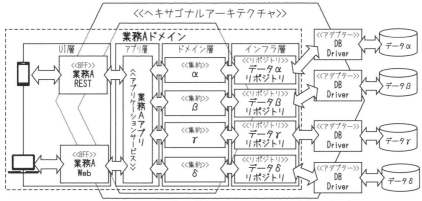

※BFF：Backends For Frontendsパターン。ドメインの境界に位置し、クライアントとのやり取りを担うサービスであり、
　　API Gatewayパターンの派生形。第4章（4.5.2項）で詳述。

図3.4　ヘキサゴナルアーキテクチャ適用例

3.4 ┃┃ データベースアクセス

　マイクロサービスでは、サービスはモデル（ビジネスデータ）を包含します。仮に、サービスが、自身が包含していないモデルにアクセスする場合、当該モデルを包含しているサービスを介して、データアクセス処理を行います（図3.5の左）。複数のサービスが、1つのデータベースを共有し、直接アクセスすることは推奨されません（図3.5の右）。その理由は、データベースの変更に対する配慮にあります。

　データベースが変更される場合、当該データベースにアクセスしているプログラムの実装に変更を加えなければならなくなる可能性が高いです。そのときに、図3.5の右のような、共有データベースモデルを取っていると、複数のプログラムに変更を加えなければならず、柔軟で素早いデータベース変更を阻害することになってしまいます。そこで、マイクロサービスでは、図3.5の左のような、サービスとモデルが1：1の関係となるモデルを取り、いつ何時データベースの変更を求められても素早く対応できるように備えているのです。

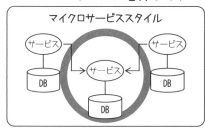

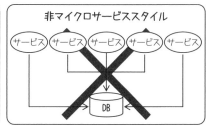

サービスを介してデータベースにアクセスする

マイクロサービススタイル

非マイクロサービススタイル

DBのメンテナンスの影響を最小化し、サービスへの影響を
極力排除する

図3.5　マイクロサービスにおけるデータアクセス

3.5 ‖ トランザクション管理

　データベース処理と密接に関係するトランザクション設計にあたっても、マイクロ
サービス特有の推奨パターンがあります。マイクロサービスでは、原則、**ローカルト
ランザクション**の利用を推奨しています（図3.6の左）。ローカルトランザクションと
は、1つのトランザクションコンテキスト（beginとcommitで設定される範囲）の中
で、処理対象のリソース（データベースやメッセージオリエンテッドミドルウェアな
ど）を1つに限定するタイプのトランザクションのことです。たとえば、プログラム
のソースコード上、beginとcommitで区切られた範囲で、1つのデータベースのみを
処理対象とした場合、そのトランザクションはローカルトランザクションです。また、
マイクロサービスの世界で、各サービスがそれぞれ1つのデータベースを包含し、ト
ランザクションコンテキストの中で、自身が包含する1つのデータベースのみを対象
に処理している場合、そのトランザクションはローカルトランザクションになりま
す。

　これに対して、1つのトランザクションコンテキストの中で複数のリソースを処理
するタイプのトランザクションを、**グローバルトランザクション**と呼びます（図3.6
の右）。グローバルトランザクションの実現には、分散トランザクションの仕組みを
利用します。2フェーズコミット、あるいは二相コミットという用語を耳にされた方
は少なくないと思いますが、これは分散トランザクションを実装するためのプロトコ
ルです。たとえば、オンラインショッピングで、受注データベースへの受注レコード

挿入と、在庫データベースの在庫引き当てを「同時に」行う必要がある場合に、グローバルトランザクションを利用します。

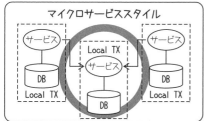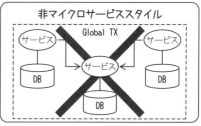

原則、ローカルトランザクション処理　Local TX：ローカルトランザクション
Global TX：グローバルトランザクション

図3.6　マイクロサービスにおけるトランザクション処理

　グローバルトランザクションは、まさに分散コンピューティング環境向けの機能といえますが、マイクロサービスではグローバルトランザクションの利用を推奨しません。その理由は、グローバルトランザクションの運用の難しさにあります。マイクロサービスには、持続的な使用に耐えうるシンプルさを追求する側面があり、運用面の複雑さを嫌ってグローバルトランザクションの利用を推奨しないのです。また、グローバルトランザクションが各コンポーネントの疎結合を阻害する恐れがあることも、ネガティブな印象を与えます。

　マイクロサービスでは、ビジネスロジックとモデルを、独立したサービスとデータベースにモデリングすることになりますが、グローバルトランザクションを前提とした設計では、各サービスやデータベースの運用や変更に、暗黙的に制約を課す可能性があります。すなわち、「データベースAとデータベースBは、1つのトランザクションコンテキストの中で更新する」といったルールを課すことにつながりかねません。これでは、マイクロサービス適用の意義が半減してしまいます。

3.6 ┃ データベース間の同期

　マイクロサービスの推奨に従ってモデリングすると、アプリケーションだけでなくデータベースも分散配置された、超分散コンピューティング環境となります。場合に

よっては、従来よりも小さな単位で複数のデータベースが運用されることになります。これらのデータベース間の同期はどのように取ればよいのでしょうか?

データベース間の同期を取るためのソリューションの1つが**Saga**です。Sagaとは、ローカルトランザクション、イベント、補償トランザクションといった技術や手法を駆使して、複数のリソース間で同期を取るためのデザインパターンです。

図3.7を基に、3つのデータベースを更新するケースを例に取って、Sagaの仕組みを説明しましょう。Sagaでは、トランザクションの正常系処理を進めるにあたり、イベントを媒介としてバケツリレーのようにローカルトランザクションを連ねていきます。すなわち、最初のサービスが最初のデータベースの更新を行って、データベースの更新が成功したら、メッセージングの仕組みを利用してイベントを飛ばします。次に、2つ目のサービスがイベントを受信したら、2つ目のデータベースの更新を行います。更新が成功したらイベントを介して、3つ目のサービスに通知が飛び、3つ目のデータベースを更新します。

続いて、障害が発生した場合の異常系処理の流れを説明しましょう。何らかの障害により、サービスがデータベースの更新に失敗した場合、障害が発生する以前にデータベースに適用した更新を元に戻すローカルトランザクションを、連ねていきます。このように、トランザクション処理の結果を元に戻すために、正常系処理とは「逆向き」の処理を施すトランザクションのことを**補償トランザクション**と呼びます。

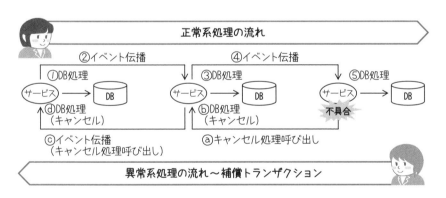

図3.7　複数リソースの同期を取るSaga

以上のようなSagaの仕組みで、データベース間の同期を取ることができますが、これに懸念を示す人は少なくありません。各ローカルトランザクションは独立したものなので、Sagaパターン処理中のある一時点で見れば、各データベースの整合性は取れていません。各データベースの整合性が取れるには数百ミリ秒から数秒単位の待

ち時間が発生します。つまり、Sagaは、常にデータベース間の整合性が取れていなければならない場合には有効ではありません。ある一時点では同期が取れていなくても、数秒後、数分後、あるいは数時間後に同期が取れていればよいとする「結果整合性」が許容できる場合に、活用できる手法といえるでしょう。

　ただしもしSagaパターンの提案に懸念を示された場合であっても、即座にSagaの適用を諦めるのではなく、なんとかして結果整合性で乗り切ることができないか、ビジネスプロセスの分析をおすすめします。ミリ／マイクロ／ナノ秒の粒度でデータベースの同期／整合性が必要なシステムもあるでしょうが、すべてのユースケースがそうだとは到底思えません。実際には、数秒程度のデータベースの同期の遅れを許容できるユースケースが大半です。それを判断できるのは、IT側の人間ではなく、ビジネスのスペシャリストたるドメインエキスパートです。幸いマイクロサービスに最適なチーム編成でドメイン分析をしているならば、チームメンバーとしてドメインエキスパートが参加しているはずです。ドメインエキスパートも巻き込んで、本当に必要とされる要件を洗い出し、データベース間の同期／整合性の設計を進めるとよいでしょう。

3.7 ║ データの結合

　分散データベース環境における課題の1つに、データの結合があります。複数のデータベースから、いかにしてデータを取得して、1つのビューを形成し、クライアントに提供すべきなのでしょうか？

　マイクロサービスで、利用できる手法は2つあります。1つが**APIコンポジション**と呼ばれる手法です。APIコンポジションは、ドメイン層に位置する集約サービスとインフラストラクチャ層に位置するリポジトリサービスを介して、複数のデータベースから得られたデータを、アプリケーション層に位置するアプリケーションサービスで、インメモリジョインするデザインパターンです（図3.8）。APIコンポジションは、直感的でシンプルであり、設計／実装しやすい手法です。しかしながら、アプリケーション稼働環境のメモリ内で結合するという、メモリインテンシブな処理が前提となっており、システムリソースへの負担が大きくパフォーマンスやスケーラビリティについて懸念が残ります。

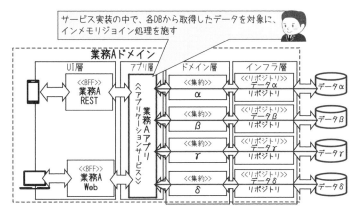

図3.8　APIコンポジション

　もう1つの手法が、**CQRS＆イベントソーシング**です。CQRS、そしてイベントソーシングは、共に独立したデザインパターンですが、一緒に組み合わせて使うことがほとんどであり、一緒に紹介／説明されることが多い手法です。CQRS＆イベントソーシングは、データ結合の解決策だけでなく、結果整合性を実装する新たなデータアクセスパターンのベースとして、活用されています。データ結合の実現方法を説明する前に、それぞれについて概観しましょう。

3.7.1　CQRS

　CQRS（Command Query Responsibility Segregation：**コマンドクエリ責務分離**）とは、データアクセス処理を、更新系処理（コマンド、すなわちデータの挿入／更新／削除）と参照系処理（クエリ、すなわちデータの検索／取得）に二分し、それぞれの実装にあたって、独立したサービスコンポーネントとデータストアを配すというデザインパターンです（図3.9の上）。その発想の背景には、コマンドとクエリはまったく異なるタイプの処理である、という一種の哲学があります。

　一般的に、参照系処理はリクエスト量が膨大であり、素早いレスポンスが求められます。その一方で、更新系処理は、リクエスト量はそれほど多くはありませんが、安全確実なトランザクションの完結が求められます。従来のコンピューティングモデルは、このようなまったく異なるタイプの処理を、同一のプログラムを用いて、同一のデータベースに働きかけてきたのです。これは不自然な設計なので、更新系処理と参照系処理のそれぞれに、専用のプログラムとデータストアを用意しようという発想がCQRSの原点です。この割り切りによって、更新系処理には、トランザクション機能

を有し、信頼性の高い永続データストアを、そして、参照系処理には、高速な検索機能を備えたデータストアを配置するという、設計の最適化が可能となるのです。

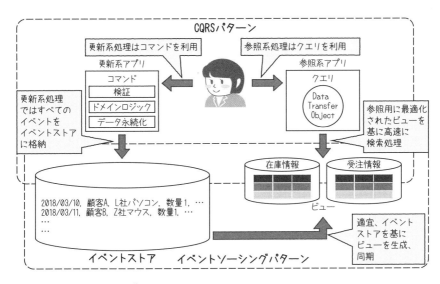

図3.9　CQRSとイベントソーシング

3.7.2　イベントソーシング

　さて、CQRSにはミッシングピースが1つあります。それは、更新系データストアと参照系データストアの間で、データの同期を取る仕組みです。その課題を解決する仕組みを提供するのが**イベントソーシング**です（図3.9の下）。

　筆者はイベントソーシングをビジネスデータに優しいデータ処理モデルと評しています。その理由と共に、イベントソーシングの概要を解説しましょう。従来、ビジネスデータ処理とは、ビジネスデータを分割して、それぞれのデータを適切なデータストアに格納するものでした。たとえば、1件の商品受注の情報を分割し、受注データは受注データベースに、在庫関連データは在庫データベースに格納するといった具合に、プログラムでビジネスデータを仕分けして、それぞれ異なるデータベースに格納していたのです。その結果、データベース間で同期を取る必要が生じ、グローバルトランザクションのような複雑怪奇な仕組みが登場するに至りました。

　イベントソーシングは、このような手法とはまったく異なる考え方をデータ処理にもたらすものです。ビジネスデータは、そもそもそれぞれ密接に関連する情報から成

立しています。このようなデータを分割する従来の手法は、IT基盤にあわせた不自然な処理です。そこで、イベントソーシングでは、ビジネスデータを分割することなく、そのまままとめて1つのデータストアに格納します。このデータストアを**イベントソース**と呼びます。イベントソースは、対象のビジネスにとってただ1つのデータストアなので、グローバルトランザクションは不要です。また、すべてのビジネス履歴はイベントソースに格納されており、ビジネスの監査性を有します。いわばイベントソースは、ビジネスデータと親和性の高い現代の大福帳（商業帳簿）といえるのです。これが、筆者が、イベントソーシングをビジネスデータに優しいデータ処理モデルと評している理由です。

　ところで、大福帳は履歴を格納／保管するにはよいのですが、素早い検索には向きません。そこで、イベントソーシングでは、必要に応じて検索用のデータストアを用意して、**メッセージオリエンテッドミドルウェア**（Messaging Oriented Middleware：**MOM**）を介した非同期メッセージングによって、イベントソースと検索用データストアの同期を取ります。同期のトリガーは、ニーズに応じて適切に選択します。なるべく早急に同期を取る必要がある場合には、イベントソースへの更新トランザクションの都度、イベントソースと検索用データストアを同期します。多少の時間的猶予が許容される場合には、イベントソースへの更新トランザクション数が一定の数に達した際、あるいはタイマーで一定時間ごとに同期を取ります。

　以上のように、CQRSとイベントソーシングを組み合わせることで、技術的に更新系データストアと参照系データストアを連携させることが可能になります。

3.7.3 CQRS & イベントソーシングの メリット／デメリット

　CQRS&イベントソーシング適用のメリットには、クエリ実装の容易性、データの監査性、アクセス制御実装の容易性があります。さらに、サービスモデリングとの親和性が高いことも利点です。その理由を、オンラインショッピングを例にとって説明しましょう。

　オンラインショッピングでの発注処理、そして過去のオーダー履歴の検索処理は、共にECサイトの主要なユースケースです。どちらも「オーダー」に関するものではありますが、一方はオーダーサービスによる更新系処理であり、他方はカスタマーサービスによる参照系処理ということで、まったく異なるサービスコンポーネントによるまったく異なる処理としてサービスモデリングすることになります。これを従来のモノリス型[※1]で実装すると、共に受注に関するデータベース処理ということで単一

※1　大きな単一の機能によって1つの処理を実現する、従来型のアーキテクチャのことです。マイクロサービスと対比して、モノリス（一枚岩）と呼びます。

のソフトウェアコンポーネントの中に不自然に統合実装されてしまいます。しかしながら、CQRSとイベントソーシングを用いれば、更新処理をつかさどるオーダーサービスと、オーダー履歴を検索／参照するカスタマーサービスという形で、サービスモデリング結果を素直に実装に結びつけることができます。このことから、CQRS&イベントソーシングは、サービスモデリングとの親和性が高いといえるのです。

　その一方で、従来の設計とは一風変わった難解さが、CQRS&イベントソーシングのデメリットといえるでしょう。汎用的にどこにでも使うというのではなく、使いどころを吟味の上で臨むことが、CQRS&イベントソーシングを使いこなすポイントです。

　さて、本節の主題であるデータの結合に立ち戻りましょう。CQRS&イベントソーシングを適用すれば、必要に応じて、結合されたデータを提供するビューを実装することで、データ結合のニーズに応えることが可能です。またAPIコンポジションのような懸念はありません。データの結合にあたってAPIコンポジションがうまくはまらない場合の代替策として、検討されるとよいでしょう。

3.8 ║ サービス間連携

　マイクロサービスにおけるサービス間通信のプロトコルとしてRESTを取り上げる記事や出版物を目にすることが多いですが、マイクロサービスで用いられる通信プロトコルはRESTのみと決まっているわけではありません。マイクロサービスには標準的な仕様はなく、ニーズに見合った通信プロトコルを利用すればよいのです。中でもよく利用されるのが、RESTとメッセージングです。

　RESTは、クライアントがリクエストを送信し、その後レスポンスを待つ同期型のプロトコルです。RESTは、単純で素早く完結する処理に適用する分には問題ありません。しかし複雑で時間を要す処理には不向きです。仮にサービスのロジックが複雑で処理完了まで時間を要す場合、レスポンスの遅延に加えて、クライアントリクエストの滞留がサーバーリソースの枯渇を引き起こし、障害に至る可能性があります。すなわち、同期型のRESTは、パフォーマンス、そして特にスケーラビリティについて難があるプロトコルなのです。

　単純な処理に加えて複雑で重量級の処理パターンも視野に入れて、取り入れておくべきサービス間連携の手法が**メッセージング**です。メッセージングとは、MOMを介して、パブリッシャー（プロデューサー）とサブスクライバー（コンシューマー）が、イベント（メッセージ）をやり取りする通信モデルです。通信パターンは、一方向&

非同期型、リクエスト／レスポンス＆同期型、リクエスト／レスポンス＆非同期型の3つのパターンがあります。特に、非同期型の通信は、スケーラビリティを要するケースに向いています。分散型データベース環境におけるデータ同期の解決策であるSaga、またCQRSパターンによる結果整合性など、マイクロサービスには非同期メッセージングを活かす場は少なくありません。

3.9 ║ サービス化の進め方

マイクロサービスは、従来型のモノリスとは異なるところが多いアーキテクチャスタイルです。また、特に日本ではオブジェクト指向やSOAの本格的な実践経験を通して、ソフトウェアのコンポーネント化を熟知したアーキテクトやエンジニアが多いとはいえません。マイクロサービスに基づいたサービス化に際してもとまどいを覚える方は少なくないでしょう。そこで、本章の最後に、サービス化の進め方のヒントをまとめます。

3.9.1 アジャイル開発、1チーム、ドメイン駆動設計

アプリケーション開発／運用の進め方について、マイクロサービスが推奨する手法や技術が様々あります。アジャイル開発プロセス、コンウェイの法則に基づいたチームフォーメーション、DDD（Domain Driven Design：ドメイン駆動設計）は、その典型例です。理想的には、これらを適用することでマイクロサービス流のアプリケーション開発／運用に取り組むことがよいとされています（図3.10）。

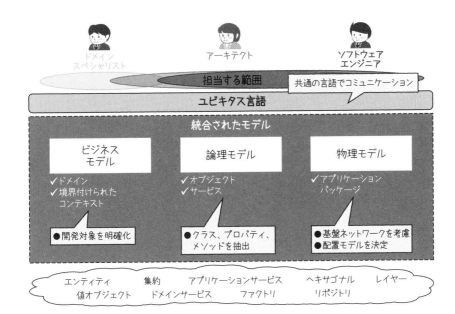

図3.10　サービスモデリングの進め方

　しばしば誤解されていることですが、マイクロサービスアーキテクチャそのものには、アプリケーション開発をスピードアップする仕組みはありません。マイクロサービスプレミアムで暗示されるように、むしろ初期セットアップ、プロジェクトの立ち上げ局面においては、従来型のウォーターフォールよりも工数がかさみ、手間がかかると見なされています。このようなマイクロサービスを適用しつつも、タイムリーにアプリケーションをリリースするために用いられる手法が、アジャイル開発プロセスです。アジャイル開発プロセスを適用することで、分割されたビジネス機能の、タイムリーかつステップバイステップのリリースが可能となるのです。

　ソフトウェアコンポーネントのモデリングは、ビジネスモデルの洗い出しに始まり、論理モデル、物理モデルと作業を進め、開発につなげます。アジャイル開発プロセス適用の強みとしては、これらのモデリングをビジネスとITにまたがる混成チームで取り組むところにあります。コンウェイの法則を適用することでチーム規模は小さく抑えつつも、必要なスペシャリストが皆同じチーム内に在籍するようにします。特にビジネスモデリングについては、ドメインスペシャリストの知見が、効果的に働くでしょう。

　アジャイル開発プロセスは、分割されたビジネス機能ごとに、モデリング、開発を実施し、出来上がった部分から即座にリリースします。これによって、システム全体

の完全なリリースは中長期に及ぶかもしれませんが、最初のリリースは比較的短期間に実現できるのです。この段階的なリリースにおいても、ビジネス側の判断がとても重要です。なぜなら、アジャイル開発プロセスでは、リリースするシステムの順番をビジネス側が判断するからです。

アジャイル開発プロセスでは、プロジェクトのスポンサーかつ責任者としてプロダクトオーナーを任命することが少なくありません。プロダクトオーナーはビジネス側の組織から選ばれ、システム化対象のシステム機能の選定や、各ビジネス機能を担うITシステムの開発／リリースの優先順位付け等を行います。ここで、ビジネス上重要とされるビジネス機能を優先して開発し、素早くリリースすれば、ビジネス部門やエンドユーザーから高い満足度が得られ、ビジネスパフォーマンスの向上にも寄与します。

マイクロサービスにおけるモデリングを、アジャイル開発プロセスによって進める上で、親和性の高いソフトウェア設計思想がDDD（ドメイン駆動設計）なのです。DDDは、Eric Evans氏の2003年の著作『Domain-Driven Design: Tackling Complexity in the Heart of Software』[※2] で広く知られるようになりました。そのエッセンスは、ドメインモデルを設計／開発作業の中心にすえ、反復的に見直し進化させつつ、しっかりとプログラム実装につなげるというものです。アジャイル開発プロセスを前提としており、オブジェクト指向のノウハウやプラクティスをまとめ上げた設計思想でもあり、SOAの方法論としても適用されたものです。

ドメインモデルを中心にすえるというDDDの理念を実践する上で避けて通れないのが、共通な言語です。アジャイル開発プロセスを実践するチームには、ビジネス側の人間もいればIT側の担当者もいます。一言でITといっても、基盤エンジニアとアプリケーション開発を担当するソフトウェアエンジニアでは、同一の単語を異なる意味で使っていることが珍しくありません。そこでチームメンバーが誤解なくコミュニケーションできるよう共通の用語集を作るのです。これをユビキタス言語と呼びます。

さらに、DDDはモデリングのための、有益なテクニックを提供します。ビジネスモデリングで重要な成果の1つに、ドメイン（問題領域）の導出があります。この作業を、DDDは「ドメイン」「境界付けられたコンテキスト」で支援します。また「エンティティ」「値オブジェクト」「集約」など論理モデルや物理モデルの作成と進化に役立つコンセプトを提供します。

※2　Addison-Wesley Professional（2003年）、ISBN 978-0321125217
日本語版『エリック・エヴァンスのドメイン駆動設計』今関剛 監訳、和智右桂／牧野 祐子 訳、翔泳社（2011年）、ISBN 978-4798121963

3.9.2 サービス化は大きく始めて、必要に応じて細分化

サービス設計局面で必ず議論になるのがサービスの粒度についてです。特にマイクロサービスを念頭に置いている場合「小さくしなければならないのではないか」という強迫観念にかられている方が少なくないようです。筆者は、これは「マイクロ」サービスというネーミングに起因する悪弊と思います。意外かもしれませんが、マイクロサービスにおいては、サービスの粒度は問題ではありません。柔軟なアプリケーションの開発／運用が実現できれば、サービスの粒度は、大きくても小さくてもかまいません。これは国内外のインフルエンサーが口にしています。

また、サービスの粒度について明らかな事実があります。サービスの粒度について、机上の議論は不毛です。なぜなら、サービスの粒度や境界付けられたコンテキストが最適であったかどうかは、運用の中で初めてわかるからです。したがって、初めてのイテレーションで、粒度を含めサービスの最適化は難しいのが実情です。これらは、SOAを実践した先人たちの経験に基づいた知見です。

ではどうすればよいのでしょうか？　米国を中心にマイクロサービスを実践している現場からのフィードバックとして、**サービス化は大きく始める**という考え方があります。いろいろ机上で知恵を絞ってドメインを分割し、小さなサービスを定義してみても、実際の現場の運用にうまくフィットしないならば、大きな単位でサービスを作ってしまおうというのです。それで一度リリースし運用してみて不都合があるならば、後続のイテレーションでより小さなサービスに分割するのです。マイクロサービスを適用しているプロジェクトでは、アジャイル開発プロセスに基づいて開発／運用しているはずですから、このようなトライ＆エラーが気楽にできるという発想ですね。

大きな単位でサービス化を始めるという考え方は新しいものではありません。すでに2015年時点で、米国で大いに議論されていた「モノリスファースト」も、大きな単位でソフトウェアコンポーネント開発を始めるという観点では同じです [※3]。**モノリスファースト**とは、最初のイテレーションでシステムの中核部分をモノリスで設計／開発／リリースし、次のイテレーション以降で、既存モノリスのサービス化や、新規機能のサービス化を進めるアプローチです（図3.11）。最初は無理せず大きな粒度でアプリケーションをリリースしてしまい、その後、必要に応じてサービス化を行うという進め方は、アジャイル的な発想であり、理にかなっています。

※3　https://martinfowler.com/bliki/MonolithFirst.html

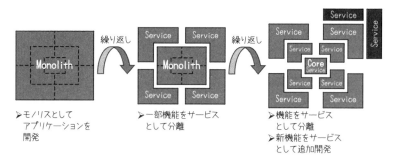

図3.11　モノリスファースト

3.9.3　セッション情報の維持

　モダンなソフトウェア設計では、アプリケーションをステートレス（状態を保持しない）に設計／実装することが推奨されます。その理由は、スケーラビリティと可用性が考えられます。アプリケーションをステートレスにしておけば、単純に水平スケーリング等でアプリケーションをスケールさせて、高まる負荷に容易に対応できます。また障害が発生しても、（サーバー）アプリケーション側で仕掛かり中の状態（ステート）の回復等面倒な処理が不要なので、比較的容易に高い可用性を維持できます。

　とはいえ、オンラインショッピングにおけるショッピングカートを例に取るまでもなく、実際のユースケースとして仕掛かり中のステート維持は依然として求められます。そして、これに応えるために、セッション永続化、そしてスティッキーセッション（セッションアフィニティ）といった製品機能が提供されています。

　セッション永続化とは、仕掛かり中のステートをデータベースなど永続データストアに格納しておく機能であり、スティッキーセッションは仕掛かり中のステートが格納されているサーバー（プロセスやコンテナ）にクライアントリクエストを転送するものです。共にロードバランサーやWebアプリケーションサーバーなどが実装している機能であり、クラウドネイティブコンピューティングに関連する製品でもこれらの機能を提供しているものがあります。たとえば、コンテナオーケストレーションフレームワークであるKubernetesのIngressは、スティッキーセッション（セッションアフィニティ）機能を提供しています。

　さて、マイクロサービスでセッション情報の維持を試みる場合、どのような手法を取るべきでしょうか？　セッション永続化、そしてスティッキーセッション、いずれでもよいですが、ここでは第三の選択肢として、ステートのサービス化という手法を

紹介します。

　仕組みは至って単純です。ステートを維持するためのサービスを新設し、ステートそのものはデータベース等の永続データストアに格納します。そしてエンドユーザーからのリクエストとステートは、ユーザーIDなどでひも付けます（図3.12）。いわばオンラインショッピングのショッピングカートをサービスとして取り扱うのです。

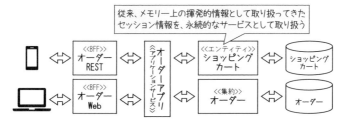

図3.12　仕掛かり中のステートをサービス化

　この手法は、ショッピングカートのような仕掛かり中の一時的なステートだからといって、特別な基盤製品の機能を用いることはしません。他のビジネス機能と同じように、ビジネスモデルが、自然に、論理モデル、物理モデルにマップされて、実装できます。「IT基盤実装の都合による例外的な設計を排除し、設計に普遍性をもたらすことができる」、そして「サービス実装に対する投資を保護できる」、これらの二点がこの手法の利点です。

3.9.4　移行期間中の依存関係

　DX実現に向けて、新たなシステム開発にマイクロサービスを適用するケースもあれば、あるいは、既存システムのリノベーションにマイクロサービスを利用することもあるでしょう。ドメインの規模が複雑で大きければ、プロジェクトは長期間に及ぶ可能性があります。後者のように既存システムのリノベーションにマイクロサービスを利用している場合には、プロジェクト期間中、本番システム上で従来型のモノリスと新たにリリースされたサービスが混在することになるでしょう。そこで注意すべきポイントは、それらのソフトウェアコンポーネント間の依存関係です。

　結論からいえば、既存のモノリスが新規リリースされたサービスに依存する関係はよいのですが、逆に、新規のサービスが既存のモノリスに依存する関係は推奨されません（図3.13）。その理由は、近い将来の既存モノリスへの変更が、より広く影響を与え、マイクロサービスによるサービス化を妨げる可能性があるからです。

図3.13　依存関係はモノリスからサービスに

　マイクロサービスを適用しようとしている既存システムのリノベーションプロジェクトにおいて、既存のモノリスは、将来新規サービスで置き換えられるか、あるいは廃棄される対象となっています。新規にリリースされたサービスが既存モノリスに依存しているということは、既存モノリスの置き換えや廃棄が、当該サービスにも影響を与えることを意味します。たった今、作ったばかりだというのに、また近い将来修正を加えることは、非効率この上ありません。よって、新規リリースされるサービスは、既存のモノリスに依存しないように設計するべきなのです。

第 4 章

マイクロサービスパターン

本章では、マイクロサービスパターンの概要について説明します。**マイクロサービスパターン**とは、マイクロサービスを活かしたクラウドネイティブシステムの設計／開発／運用に役立つ手法や工夫を、再利用しやすいように抽象化／汎用化したものです。マイクロサービスの適用を成功に導くために、そのポイントを押さえておきましょう。

4.1 ‖ マイクロサービスパターン

第2章で、ソフトウェアエンジニアリングの世界では、建築業界の主要な用語を取り入れることが少なくないと述べました。マイクロサービスは、クラウドネイティブアプリケーション開発／運用の「アーキテクチャスタイル」ですが、この「アーキテクチャスタイル」という用語は「建築様式」という建築業界から拝借したコンセプトを流用したものです。

「デザインパターン」も、建築業界から拝借した用語の1つです。建築において、そしてソフトウェア開発においても、様々な課題を解決するために知恵を絞り、工夫を凝らして最適な設計を編み出し適用することが求められます。設計の対象や建設／構築の現場が変われども、過去事例で培った設計のコツを流用できることは少なくありません。案件の都度、新たにスクラッチで設計するよりも、過去事例のコツを流用したほうが効率的ですし、失敗の可能性を小さく抑えることができます。

このような背景の下で、先人たちの経験から生み出された設計を汎用化し、後続の類似した課題に適用できるようにしたものが**デザインパターン**です。パターン（Pattern）には「ひな形」「鋳型」「決まったやり方」という意味があります。デザインパターンを利用する際には、ひな形にあわせて設計作業を進めるのです。つまり、デザインパターンを用いることで、いろいろと思い悩むことなく、素早く効率的に建物やソフトウェアを設計することができるようになります（図4.1）。デザインパターンとは、設計の定石といってもよいでしょう。

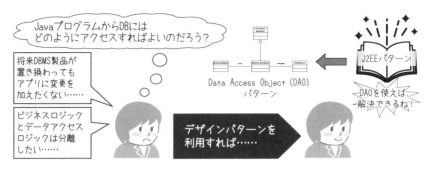

図4.1　デザインパターン

　建築の世界のコンセプトである「デザインパターン」を、ソフトウェアエンジニアリングの世界で普及させたのは1994年に出版された書籍『Design patterns: Elements of reusable object orientated software』[※1] です。Erich Gamma、Richard Helm、Ralph Johnson、John Vlissidesの4名で執筆したため、GoF本と呼ばれることもあります（GoFとは、Gang of Fourの略で「4人組」という程度のニュアンスです）。GoFによるデザインパターンは、オブジェクト指向設計における設計の典型例を解説したものです。この書籍を機に、ソフトウェアエンジニアリングの世界で過去の経験と知見を「パターン」としてまとめ上げ、後続のシステム開発で再利用する、というエコシステムが確立します。マイクロサービスパターンも、そのようなデザインパターンの流れをくむものです。

　世界中の多くの識者がマイクロサービスに関連するパターンについて、カンファレンスやメディア、そしてWebサイトで情報発信しています。その中でもパターンの数と網羅性で充実しているのが、Chris Richardson氏がホスティングするWebサイト、その名も「Microservice Architecture」[※2] です。Webページ「A pattern language for microservices」[※3] では50を超えるマイクロサービス関連のパターンがリストアップされています（表4.1）。

※1　Addison-Wesley Professional（1994年）、ISBN 978-0201633610
　　　日本語版『オブジェクト指向における再利用のためのデザインパターン』本位田真一／吉田和樹　監訳、ソフトバンククリエイティブ（1999年）、ISBN 978-4797311129
※2　https://microservices.io/
※3　https://microservices.io/patterns/index.html

表4.1　Richardson氏によるマイクロサービスパターン

種　　別	パターン名
Application architecture patterns	Monolithic Architecture
	Microservice Architecture
Decomposition	Decompose by business capability
	Decompose by subdomain
	Self-contained service
	Service per team
Refactoring to microservices **（リファクタリング）**	**Strangler application**
	Anti-corruption layer
Data management **（データ管理）**	**Database per service**
	Shared database
	Saga
	API Composition
	Command Query Responsibility Segregation（CQRS）
	Domain event
	Event sourcing
Transactional messaging **（トランザクショナルメッセージング）**	**Transactional outbox**
	Transaction log tailing
	Polling publisher
Testing	Service Component Test
	Service Integration Contract Test
	Consumer-side contract test
Deployment patterns **（デプロイメント）**	**Multiple service instances per host**
	Single Service Instance per Host
	Service instance per VM
	Service instance per container
	Serverless deployment
	Service deployment platform
Cross cutting concerns	Microservice chassis
	Externalized configuration
	Service Template
Communication style **（通信）**	**Remote Procedure Invocation（RPI）**
	Messaging
	Domain-specific protocol
	Idempotent Consumer

種　別	パターン名
External API （**外部API**）	**API Gateway**
	Backends for Frontends
Service discovery （**サービスディスカバリ**）	**Client-side discovery**
	Server-side discovery
	Service registry
	Self Registration
	3rd Party Registration
Reliability	Circuit Breaker
Security	Access token
Observability （**可観測性**）	**Log aggregation**
	Application metrics
	Audit logging
	Distributed tracing
	Exception tracking
	Health Check API
	Log deployments and changes
UI patterns	Server-side page fragment composition
	Client-side UI composition

　本章では、この中から特に重要と思われるパターンを30個取り上げて、解説します。よりよく理解できるように、9つの対象分野ごとに関連するパターンを取り上げ、まずはじめに解くべき課題を提示し、その後で解決策として各パターンを説明します。それでは始めましょう。

4.2 | データ管理パターン

まずはじめに紹介するのは、**データ管理**パターンです。ここでは、マイクロサービス適用にあたり業務データにまつわる処理で役立つパターンを紹介します。

4.2.1 データ管理パターンの背景と動機

第3章で説明したように、マイクロサービスでは分散データベースが推奨されます（図4.2）。ドメインモデルに基づいて、業務データを分析し、サービスとデータベースを１：１の関係となるようにモデリングするのです。このときデータベースへのアクセスを担うサービスを**リポジトリ**と呼びます。リポジトリ以外のサービスは、リポジトリを介してデータベースにアクセスします。その結果、不特定の複数のサービスが単一の大きな統合データベースに直接アクセスするのではなく、業務用途に応じて分割された複数のデータベースにリポジトリを介してアクセスする、という分散データベースモデルになります。このような分散データベースモデルをマイクロサービスが推奨する理由の1つが疎結合です。サービスだけでなくデータベースもそれぞれ疎結合の関係を保つように設計することで、アプリケーション変更の柔軟性を期待しているのです。

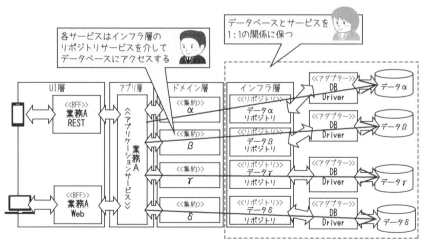

図4.2　マイクロサービスにおいて推奨されるデータアクセスモデル

　従来とは異なる方針とスタイルでデータアクセスモデルを設計するには、従来とは異なるアプローチによって様々な課題を実現することが求められます。図4.3は、そのようなマイクロサービスにおけるデータ管理で求められる課題の例です。

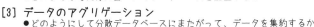

[1] **データの同期**
　●どのようにして分散データベース間でデータ同期を取るか
[2] **データベースの配置モデル**
　●どのような考え方に基づいてデータベースを配置するか
[3] **データのアグリゲーション**
　●どのようにして分散データベースにまたがって、データを集約するか

図4.3　データ管理の課題例

　データ管理の基本としてまずはじめに取り組むべき課題は、**データベースの配置モデル**です。どのような考え方に基づいてデータベースの配置モデルを決めるのか、そして、それぞれの配置モデルの長所と短所を押さえておかねばなりません。データベース配置モデルに関連して、すでに第3章、そして本章において、マイクロサービスでは分散データベースを推奨する旨を記していますが、場合によっては分散データベース化できない場合もあります。どのような場合に分散データベース化できないのか、そしてその場合に採れるモデルは何か、さらにはその長所と短所は何かを理解しておくべきでしょう。

　また、分散配置された各データベース間で、データを同期する手法を明らかにしておかなければなりません。ドメイン分析とモデリングの結果、各業務データは、関連性の強い他の業務データと一緒に、単一のデータベースに格納されているはずです。しかし業務取引（トランザクション）を進める過程で、複数のデータベースに格納されているデータの同期を取らなければならないケースが出てきます。たとえば、オンラインショッピングの商品購入過程では、受注データベースに受注レコードを挿入するだけでなく、在庫データベースから商品の在庫を引き当てなければなりません。従来、1つのトランザクションで複数のリソース（データベース）に対する処理の同期を取るために、グローバルトランザクションが用いられてきました。しかし第3章で述べたように、マイクロサービスではグローバルトランザクションは推奨されません。マイクロサービスにおいて、いかにして複数のデータベースの同期を取るべきか（**データベースの同期**）、これが課題の2つ目です。

　さらに、3つ目の課題として、分散配置された各データベースからデータを集約する方法（**データのアグリゲーション**）を理解しておく必要があります。統合型データベースであれば、SQLを駆使することで容易に複数のテーブルに分散配置されたデータを取得して、任意の処理を加えることができます。しかし、マイクロサービスで

は、データベースが分散配置されており、リポジトリサービスを介してデータベースにアクセスすることになるため、使い慣れたSQLも利用できません。たとえば、オンラインショッピングにおいて、ある特定のエンドユーザーの購入履歴と配送状況を検索する場合、受注データベースと配送データベースを検索する必要が出てきます。このように複数のデータベースにまたがったデータ検索の実現も、マイクロサービスのデータ管理で解くべき課題です。

　本項では、図4.3に基づいて、マイクロサービスのデータ管理に関する3つの課題を説明しました。課題「データベースの配置モデル」（図4.3の［1］）を解決するパターンについては4.2.2項、課題「データベースの同期」（図4.3の［2］）については4.2.3項で説明します。なお、課題「データのアグリゲーション」（図4.3の［3］）を解決するパターンについては、第3章の3.7節でAPIコンポジション、CQRS、イベントソーシングを取り上げて詳説しているため、そちらをご覧ください。

4.2.2　データベース配置パターンの例

Database per service

　マイクロサービス設計の基本方針の1つは、**疎結合**です。アプリケーションを構成する各サービスの結合強度を疎に保つことで、各サービスに対して、素早く柔軟に変更メンテナンスを加えることが狙いです。メンテナンスを加える対象は、アプリケーションプログラムだけでなくデータベースも含まれます。ビジネスニーズからいつ何時、データベースのスキーマの変更が求められるか、誰にも予測できません。万一のデータベースの設計変更要求に柔軟に応えられるように、サービス（リポジトリサービス）とデータベースの関係を1：1とするモデルが推奨されるのです（p.52：図3.5の左）。このようにしておけば、データベースの変更を受けて改修対象となるアプリケーションプログラムは、リポジトリサービスただ1つとなります。メンテナンス対象を局所化することで、データベースを含むアプリケーションメンテナンスの柔軟性とスピードアップを見込めます。マイクロサービスが推奨する、このようなアーキテクチャを実現するためのデータベース配置パターンが**Database per service**です（図4.4）。

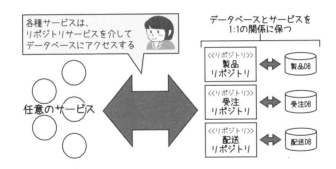

図4.4　Database per serviceパターン

Database per serviceパターンでは、データベースインスタンスはサービスごとに作成／運用されます。たとえば、受注サービス用に受注データベース、そして配送サービス用に配送データベースが作成されて、デプロイされます。このとき、受注業務を担うドメインサービスは、受注リポジトリサービスを介して受注データベースにアクセスして、受注データに対してCRUD処理[※4]を加えるのです。

図4.5に、Database per serviceパターンの特徴を挙げました。Database per serviceパターンは、柔軟でスピーディなアプリケーションのメンテナンスに加えて、データベース製品／技術の選択の柔軟性というメリットがあります。

●メリット
　◆柔軟でスピーディなアプリケーション変更
　◆要件に応じた最適なデータベース製品／技術の選択

●考慮事項
　◆結果整合性
　◆複数データベース間でのデータ同期の仕組み
　◆複数データベースにまたがったデータ検索／集約の仕組み

図4.5　Database per serviceパターンの特徴

　業務内容に応じて利用されるデータベースが細分化されるので、たとえばある業務にはリレーショナルデータベース、また別の業務にはNoSQLを利用する、というように、用途に応じて最適なデータベース製品／技術を選択することが可能となります。

　その一方で、Database per serviceパターンの採用は分散データベース環境の運用を強いることにつながります。第3章で説明したようにマイクロサービスでは分散トランザクションの利用を推奨しないので、複数データベース間のデータは結果整合性に基づいて同期されることになります。Database per serviceパターンの適用前に、

※4　データベースに保管されているデータに対する作成／取得／更新／削除処理（Create/Read/Update/Delete）のこと。

結果整合性が許容されるのか、業務要件を確認しておく必要があるでしょう。

　加えて、データベース間での同期の仕組みを用意しておく必要があります。これは、第3章で紹介したSagaパターンを利用します（詳細は4.2.3項で解説します）。

　また、複数のデータベースにまたがったデータ検索の仕組みも必要になります。これについては、第3章の3.7節で説明したAPIコンポジション、CQRS、イベントソーシングを活用します。

Shared database

　マイクロサービスにおけるデータベース配置に関してはDatabase per serviceパターンが理想ではあります。しかしながらDatabase per serviceパターンを取れないケースも考えられます。たとえば、結果整合性が許容されない場合です。複数のデータベースを同期するには分散トランザクションが必要です。しかしマイクロサービスでは分散トランザクションは推奨されないため、データの整合性を担保するためにデータベース分散化を断念しなければならなくなるでしょう。

　また、既存のデータベースの利用が必要な場合も、Database per serviceパターンの利用を阻害します。複数の現行システムが既存のデータベースを使っているでしょうから、新たに開発を始めるクラウドネイティブアプリケーションのためだけに、データベースをDatabase per serviceパターンに全面移行することは現実的ではありません。

　そのような場合に取りうるデータベースの配置パターンが**Shared database**です（図4.6）。Shared databaseパターンとは、統合された1つのデータベースインスタンスを複数のサービス、アプリケーション、あるいはシステムで共有するデータベース配置パターンです。Database per serviceパターンとは異なり、Shared databaseパターンは、これまで私たちが慣れ親しんできたデータベースの配置モデルといってよいでしょう。

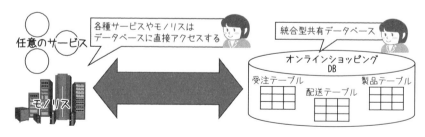

図4.6　Shared databaseパターン

Shared databaseパターンを適用した場合、業務遂行に必要なすべてのデータは唯一のデータベースに格納されています。そのため、複数のデータの更新処理であっても、ローカルトランザクションによって、ACID特性[※5]を保ってデータの整合性を取ることが可能です。慣れ親しんだSQLを使うことができる効率性もメリットの1つです（図4.7）。

その一方で、Shared databaseパターンでは、不特定の複数のサービス、アプリケーション、システムが統合データベースを共有使用することになるので、データベースの設計変更の影響が大きくなります。結果的に、データベースを含むアプリケーションの素早く柔軟な変更を阻害することになってしまいます。また、データの更新時には、単一のデータベースに対して悲観的ロックをかけた上で更新処理を加えることに加え、データ量増加に対してはデータベースサーバーのスケールアップでの対応となりますので、パフォーマンスとスケーラビリティに課題を抱えることになります。

●メリット
◆業務データの整合性を取ることが容易
◆既存システムとのデータベースの共同利用が容易

●考慮事項
◆アプリケーションやデータベースの素早く柔軟な変更には不向き
◆パフォーマンス
　■単一のデータベースに対する処理の集中
　■悲観的ロックによる逐次的処理
◆スケーラビリティ
　■データ増加に対してはデータベースサーバーのスケールアップで対応

図4.7　Shared databaseパターンの特徴

4.2.3　データ同期パターンの例

第3章で説明したように、マイクロサービスにおいて、複数データベースにまたがってデータの同期を取る手法としては、Sagaが推奨されます。**Saga**は、ローカルトランザクションとイベント、補償トランザクションを活用するデザインパターンです。Sagaを実装するには、コレオグラフィとオーケストレーションという2つの方法があります。

コレオグラフィ

コレオグラフィとは、データベースにアクセスするサービスが、それぞれメッセー

※5　トランザクション処理で担保されるべき4つの条件、Atomicity（原子性）、Consistency（一貫性）、Isolation（独立性）、Durability（永続性）のこと。

ジング製品を介してデータの同期を取りあう方法です（図4.8）。各サービスの中には、ビジネスロジックや補償トランザクションのロジックに加えて、（例外発生時には例外イベントをトピックにサブスクライブするといった）Sagaを成立させるための制御ロジックも実装します。いわば、各サービスが、自律的かつ能動的にSagaプロセスを回すのが、コレオグラフィです。

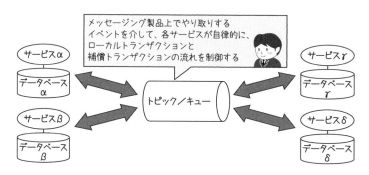

図4.8　Sagaパターン（コレオグラフィスタイル）

　コレオグラフィの特徴は、シンプルな構造にあります（図4.9）。メッセージング製品を用意して、サービスを開発しさえすれば、コレオグラフィスタイルのSagaが実装できます。単純なロジックのプロトタイプには最適な方法です。その一方で、各サービス実装の中に、サービス間連携のフロー制御のロジックを組み込んでいるので、Saga全体の見通しが悪く、トランザクション実行時の進捗確認やトレースがしにくいという側面があります。

　また、本来ビジネスロジックを実装すべきサービスの中に、Sagaの制御ロジックの実装も同居することになります。これは、役割分担を徹底することでコラボレーションの生産性向上を目指す、「関心事の分離」を阻害することにつながります。コンポーネントの役割分担が明確であるか、それとも曖昧か、という点が、もう1つのSagaの実装方法であるオーケストレーションとの大きな違いです。

図4.9　コレオグラフィの特徴

オーケストレーション

　オーケストレーションでは、**Sagaオーケストレーター**と呼ばれる特別なサービスが、トランザクション処理をコーディネーションします。Sagaオーケストレーターは、トランザクションコーディネーションという役割を受け持つことからアプリケーション層に配置されるアプリケーションサービスとして実装されます（図4.10）。Sagaオーケストレーターはリクエスト／レスポンス形式の非同期メッセージを介して、ビジネスロジックに責務を負うドメイン層のサービスを呼び出し、データ処理を要求します。万一の障害時には、Sagaオーケストレーターが不具合を検知し、各サービスに対して補償トランザクションの実行を依頼します。すなわちオーケストレーションでは、SagaオーケストレーターはSagaの制御ロジックを担当し、ドメイン層のサービスはビジネスロジックとデータ処理に徹するといった形で、明確に役割が分担されており、チーム開発の効率化を促します（図4.11）。

　また、サービス間のフロー制御はSagaオーケストレーターの中に実装されることになりますので、Sagaにおけるサービスとデータベース連携の流れを把握しやすいこともオーケストレーションのメリットです。

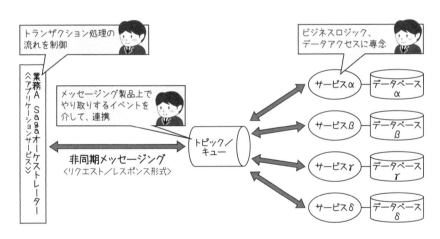

図4.10　Sagaパターン（オーケストレーションスタイル）

●メリット
- ◆サービスごとの役割分担が明確
  - ■Sagaオーケストレーター：トランザクション処理のコーディネーション
  - ■DBにアクセスするサービス：ビジネスロジックとデータ処理
- ◆各サービス／DB連携の見通しがよい
  - ■処理プロセスの進捗が確認しやすい

●考慮事項
- ◆Sagaオーケストレーターがファットサービスにならないよう、役割分担に留意

図4.11　オーケストレーションの特徴

　コレオグラフィとオーケストレーションを比較すると、コレオグラフィを採用した場合、Saga全体のフローが把握しづらい点、そして関心事の分離の非徹底という特性がシステム全体の設計に悪影響を与えないか、懸念されます。Saga実装の方法としては原則オーケストレーションを選択し、小規模ドメインのプロトタイピングといった局所的／一時的実装にはコレオグラフィも検討する、といった方針でよいでしょう。

　なお、コレオグラフィとオーケストレーションのいずれの方法を採ったとしても、Sagaにおいては、サービス間の連携にメッセージング製品が利用されます。言い換えれば、（Sagaオーケストレーターを除く）各サービスでは、データベースアクセスとメッセージの送信／受信を1つのトランザクションの中で完結しなければなりません。従来、このようなケースは分散トランザクションで解決してきましたが、マイクロサービスでは分散トランザクションは推奨されません。サービス内のデータベースアクセスとメッセージングの整合性をいかにして解くべきでしょうか？

　これを解決するためのテクニックが、次節4.3で紹介するトランザクショナルメッセージングパターンです。

4.3 ‖ トランザクショナル メッセージングパターン

4.3.1 トランザクショナル メッセージングパターンの背景と動機

Sagaは、分散データベース間の同期を取るためのデザインパターンです。イベントを介してローカルトランザクションをバケツリレーのように連ねることで、各データベースの同期を取ります。また、障害発生時の異常系処理では、イベントを介して補償トランザクションを連ねて、今適用したデータ処理をキャンセルします。各データベースの同期を取ることはできますが、即時に同期されるわけではありません。数ミリ、数秒、また運用方針によっては数分、数十分、数時間のタイムラグが発生します。

そんなSagaにおいても即時に同期を取らなければならない2つの処理があります。それは、データ処理とイベント処理です。Sagaでは、データベースに処理を加えると同時に、当該データ処理が完了したことをイベントとして通知しなければなりません。従来型のトランザクション処理では、データベースと、イベントを仲介するMOMを対象としてグローバルトランザクションをコーディネートするところでありますが、既述のようにマイクロサービスではグローバルトランザクションは推奨されません。

以上のことから、Saga実装に求められるデータベース処理とイベント処理の同期を取るために、データベース処理と完全に同期するイベント処理（メッセージング）、すなわち**トランザクショナルメッセージング**が求められるのです。

Transactional outbox

Transactional outboxは、トランザクショナルメッセージングを構成するパターンの1つです。Transactional outboxの実体はデータベースのテーブルであり、ビジネスデータを格納するデータベースの中に同居します。そして、ビジネスデータに対する処理を通知するイベント情報を格納し、共有するために用いられます。ビジネスデータとTransactional outboxは同一のデータベースに共存しているので、ローカルトランザクションでもお互いの内容は即時に同期されるというわけです（図4.12）。ちなみにoutboxとは、送信トレイという意味合いです。データベース処理を通知するイベントの発信元として、ぴったりのネーミングですね。

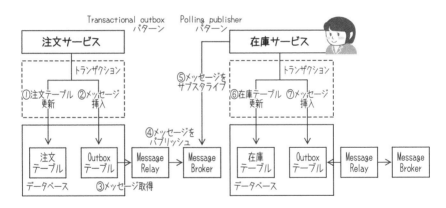

図4.12　正常時のTransactional outbox

　異常系処理のパターンとして、注文サービスによるデータ処理は成功したものの在庫サービスの処理で何らかの不具合が発生した場合には、在庫サービスは在庫テーブルへの処理をロールバックして、Outboxテーブル、Message Relay、Message Broker（MOM）を介して、在庫サービスにおけるデータ処理失敗のイベントを通知します（図4.13）。

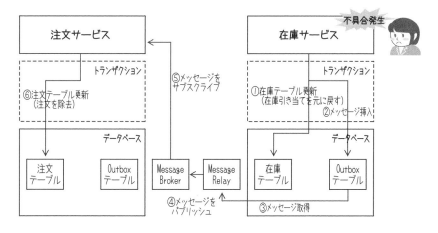

図4.13　エラー時のTransactional outbox

　Transactional outboxには、outbox内のメッセージの取得方法によって派生する
Polling publisherとTransaction log tailingという2つのデザインがあります。これら
はいずれもSagaパターンのローカルトランザクションの内部デザインとして利用す
ることが可能です。次に、これらのトランザクショナルメッセージングパターンのデ
ザイン例について解説しましょう。

Polling publisher

　Polling publisherは、outboxテーブルを読み出すMessage Relayがoutboxテーブル
をポーリング（定期的に参照）するデザインとなります（図4.12）。outboxテーブル
がリレーショナルデータベースである場合は、Message RelayはJDBCやODBCなどに
より実装されることになります。

　Polling publisherのメリットは、アプリケーションとして実装しやすいことです。
outboxに挿入されたレコードを読み出すポーリング処理をアプリケーションレベル
で実装することで実現できます。

　その一方で、Polling publisherは、ユーザー定義のoutboxテーブルに依存する設計
となります。outboxテーブルに対するメンテナンスも含めた開発／運用工数が気に
なるところです。

Transaction log tailing

　Transaction log tailingは、トランザクショナルメッセージングのトリガーとして、
データベース管理システム（DBMS）のトランザクションログへのログエントリーを

用いるパターンです（図4.14）。Transactional outboxパターンと同様に、サービスが
ローカルトランザクションを用いて業務テーブルを更新すると同時に、DBMSの管理
するログに処理内容が記録されます。Transaction log tailingでは、Transaction log
minerと呼ばれるMessage Relayを用意しておき、DBMSのトランザクションログ上に
書き出された新たなログエントリーを取得するのです。Transaction log minerは、新
たに取得したログエントリーを、MOMにパブリッシュして、後続のサービス（図
4.14では在庫サービス）におけるトランザクション処理につなげます。

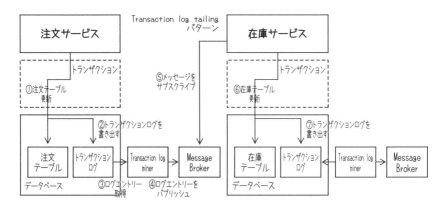

図4.14　Transaction log tailing

　Transaction log tailingパターンは、Polling publisherとは異なり、DBMSの提供す
るトランザクションログを使用するため、outboxテーブルのメンテナンスに手間を
かける必要はありません。しかしながら、Transaction log tailingで使用されるトラン
ザクションログの仕様はデータベース製品ごとに異なるため、データベース製品ごと
にTransaction log minerを実装しなければなりません。これはアプリケーションの開
発やメンテナンスにおいて負担となるでしょう。

4.4 ‖ サービスディスカバリパターン

4.4.1 サービスディスカバリパターンの背景と動機

クラウドプラットフォームでは、サービスのデプロイの都度、そのドメイン名とIPアドレスが変更される可能性があります。すなわち、サービス呼び出しに先立って、クライアントはサービスの正確なロケーションを把握しておかなければなりません。これが、マイクロサービスにおいてサービスディスカバリパターンが必要になる理由です。**サービスディスカバリ**とは、ドメイン名を元にIPアドレスを取得するDNS（Domain Name Service）問い合わせのようなものと考えることができます。

4.4.2 サービスディスカバリの方法に関するパターンの例

Client-side discovery

Client-side discoveryは、サービスのロケーション（アドレス）の取得をクライアントが行うデザインパターンです（図4.15）。サービスのロケーションは、後述のService registryに格納されています。クライアントがこのService registryを検索してサービスのロケーション情報を取得するのが、Client-side discoveryパターンです。

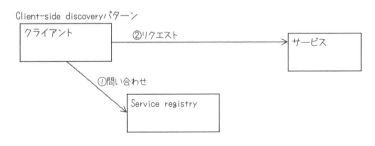

図4.15　Client-side discovery

Server-side discovery

Server-side discoveryは、サービスのロケーション（アドレス）をクライアントが取得するのではなく、サーバーサイドのコンポーネントに委託するデザインパターンです（図4.16）。実際にサービスのロケーションを解決するのは、ロードバランサーやプロキシなど、サーバーサイドの境界に配置されるコンポーネント（ルーター）です。クライアントがルーターにサービス呼び出しのリクエストを送信すると、ルーターはService registryと連携してサービスのロケーションを取得した上で、サービスにクライアントからのリクエストを転送します。

Server-side discoveryのClient-side discoveryとの違いは、

○**Serviceを検索する仕組みが業務プログラム外にあること**
○**アプリケーションコードで実装する必要がなくSide-carとして実装可能なこと**

が挙げられます。

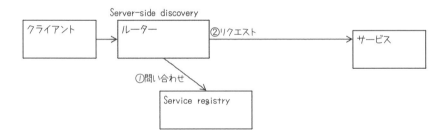

図4.16　Server-side discovery

4.4.3　サービスレジストリパターン

Client-side discoveryやServer-side discoveryによってクライアントのサービス呼び出しを実現するには、サービスのロケーション情報を保持し、リクエストに応じて各サービスの宛先情報を提供する、ネーミングサービスが必要となります。**サービスレジストリ**とは、マイクロサービスにおけるサービス名を解決するコンポーネントです（図4.17）。サービスレジストリの実体は、サービス名解決のための永続データストアです。

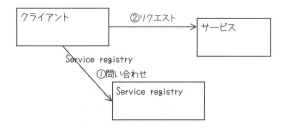

Client-side discoveryパターンにおけるService registryパターン

図4.17 Service registry

 サービスレジストリへの登録に関する
パターンの例

サービスロケーション情報の登録手法として、登録を実行する主体に応じて、Self Registrationと3rd Party Registrationという2つのデザインパターンがあります。

Self Registration

Self Registrationは、デプロイメント時の初期化処理の一部として、サービスが自身のドメイン名とアドレスのマッピングから成るサービスのロケーション情報を、サービスレジストリに登録するデザインパターンです（図4.18）。アプリケーションロジックとして登録処理を実装するため、あらゆる要件に柔軟に対応できる反面、サービスに対するヘルスチェックや障害発生時のリカバリ処理の実装も必要となり、開発工数に影響を与えます。

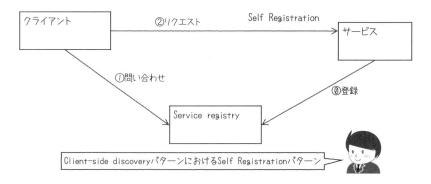

図4.18 Self Registration

3rd Party Registration

3rd Party Registrationは、サービスレジストリに対するサービスのロケーション情報の登録を、アプリケーションプログラム以外の第三者に委ねるデザインパターンです（図4.19）。たとえば、Kubernetesのようなオーケストレーションフレームワークは、3rd Party Registrationの1つであり、サービスロケーション情報の登録のみならず更新もしてくれます。サービスレジストリへの登録やメンテナンスに3rd Party Registrationを用いることで、アプリケーション開発者がサービスのロケーション情報にまつわる作業を軽減することが可能となります。

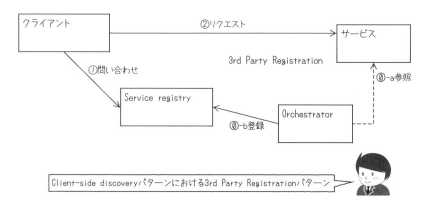

図4.19 3rd Party Registration

4.5 ║ 外部 API パターン

　ビジネスアプリケーションの多くは自社のオンプレミスデータセンターやパブリッククラウドで稼働しますが、クライアントは社内オフィスだけでなくインターネットを介した外部サイトで稼働することが一般的になっています。加えて、クライアントのタイプはバリエーションに富み、Webブラウザ上で稼働するクラシックなWebアプリケーションだけでなく、Ajaxを活用したシングルページアプリケーション、iOSやAndroidのネイティブアプリケーション、RESTで連携する他のサーバーアプリケーションなど多岐にわたります。マイクロサービスを使ってビジネスアプリケーションを設計／開発するにあたり、多様なクライアントとの間をスマートに連携するためのパターンを考えてみましょう。

4.5.1 ║ 外部 API パターンの背景と動機

　マイクロサービスを適用すると、1つのアプリケーションは複数のサービスから構成されることになります（図4.20）。これをクライアント側から見れば、オンラインショッピングで1件の商品を発注するだけでも、複数のサービスを呼び出さなければならないことを意味します。このとき、サービスが配置されているデータセンターやパブリッククラウドとクライアントの間の通信を担うのは比較的低速なインターネットです。クライアントとサービス間の連携を実現するに先立って、多様なクライアントのサポート、複数回のサービス呼び出し、そして比較的低速なネットワークという制約を克服する方針を立てなければなりません。それには、まず課題点を明確に把握することが重要です。

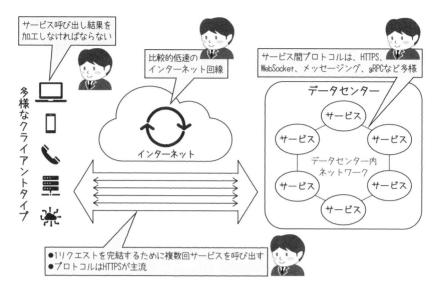

図4.20　不特定多数のクライアントが不特定多数のサービスにアクセスする

　図4.21は、マイクロサービスにおいて、サービスとクライアント間の連携で生じる課題の一例です。

［1］異種通信プロトコル間通信の解決
　●インターネット−イントラネット間の通信プロトコルの解決
［2］ネットワークレイテンシの低減
　●クライアント−サービス間通信頻度の最小化
［3］クライアントプログラム複雑化の回避
　●サービス呼び出し処理コードの最小化
［4］柔軟でスピーディなサービス実装変更の担保
　●サービス実装変更のクライアントへの影響の最小化
［5］多様なクライアントタイプのサポート
　●クライアントごとのゲートウェイ処理の効率化

図4.21　外部からのアクセスに関する課題例

　インターネットを介して、クライアントとサービス間で用いられる主要な通信プロトコルはHTTP/HTTPSベースのRESTやWebSocketになると想定されますが、データセンター内ではそれ以外の通信プロトコルが利用される可能性があります。たとえば、データセンター内におけるサービス間通信では、メッセージング等他の方式が利用されることもあるでしょう。その場合、クライアントとサービス間、そしてデータセンター内の各サービス間で使用される通信プロトコルが異なることになります。両

者の間で**通信プロトコルの変換と橋渡しが必要**になるのです（図4.21の課題［1］／図4.22）。

図4.22　インターネットとイントラネットでは通信プロトコルが異なる可能性がある

　課題の2つ目は、**ネットワークレイテンシ**です。インターネットは、比較的低速なネットワークです。アプリケーションの1リクエストを完結するために、複数回インターネット越しにサービス呼び出しを行うことは、応答時間遅延につながります。クライアントとサービス間の通信回数を最小化することでネットワークレイテンシを抑えることが望まれます（図4.21の課題［2］／図4.23）。

図4.23　サービス個別直接呼び出しはレイテンシを悪化させる

　課題の3つ目は、**クライアントのプログラムコード**に関するものです。ネットワークプログラミングは、ネットワーク接続のオープンとクローズ、異常時の例外処理といったお作法を伴うため、ローカル配置のライブラリ呼び出し等に比較して、どうしてもコード量が増えてしまいます。仮にネットワークを介したサービスを呼び出す回数が増えると、クライアントプログラムのコード量が肥大化します。プログラムの可読性を良好に保ちメンテナンス性を維持するには、コード量は少ないに越したことはありません。そのためには、サービス呼び出し回数そのものを抑えることが求められます（図4.21の課題［3］／図4.24）。

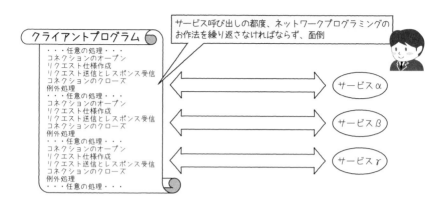

図4.24　ネットワークプログラミングのお作法

　また、クライアントが複数のサービスにアクセスするということは、各サービスの変更がクライアントプログラムの変更も強いることになります。1サービスのプログラム変更がクライアントプログラムの変更をも伴うということは、柔軟でスピーディなアプリケーションのメンテナンスを阻害することにつながります。サービスの変更が、クライアントプログラムに影響を与えないような仕組みを用意しておいたほうがよいでしょう（図4.21の課題［4］／図4.25）。

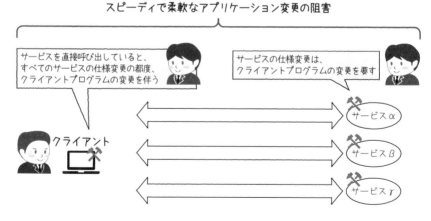

図4.25　サービスの変更はクライアントに影響を与える

　さらに、幅広いタイプのクライアントをサポートするための仕組みも考慮に入れて

おくべきでしょう。クライアントタイプごとに通信方式（通信やアプリケーションの
プロトコル）、リクエストやレスポンスのフォーマット、必要とするレスポンスの内
容等に違いがあります。これらクライアントタイプの違いを効率的に制御するための
仕組みが、マイクロサービスにおけるクライアントとサービス間の通信に求められる
のです（図4.21の課題 ［5］／図4.26）。

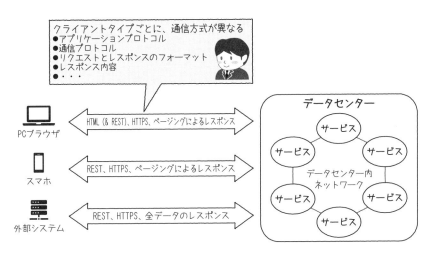

図4.26　多様なクライアントタイプのサポート

4.5.2　外部 API パターンの例

　マイクロサービスにおけるクライアントとサービスの連携時に発生しうる諸問題を
解決するパターンとして、API GatewayパターンとBackends for Frontendsパターン
を紹介します。

API Gateway

　API Gatewayパターンとは、ドメインの境界にクライアントとのやり取りを担う専
門のサービス（API Gateway）を配置するものです（図4.27）。API Gatewayを設ける
単位としていくつかのアプローチがありますが、わかりやすさと汎用性の観点で、ユ
ースケースごとに1つのAPI Gatewayを設けるという方法がよいでしょう。たとえば、
オンラインショッピングの「オーダー」というユースケースに応じてオーダー用の
API Gateway（Order API Gateway）を設けるという考え方です。

このとき、Order API Gatewayには、注文処理に必要な複数のサービス呼び出しの
ロジックを実装します。クライアントに代わってOrder API Gatewayが受注サービ
ス、会計サービス、在庫サービス、配送サービスを呼び出してくれるので、クライア
ントとサービス間の呼び出し回数を1回に抑えることとなり、ネットワークレイテン
シを最小化します。

また、クライアントプログラムとサービスの間に、API Gatewayという1クッショ
ンを設けることで、サービス側の変更の影響をAPI Gatewayで吸収し、クライアント
側への影響を最小化できます。クライアントプログラムの観点からいえば、API
Gatewayを1回呼び出せば、1つのユースケースが完結するのですから、面倒くさい
ネットワークプログラミングのお作法を何度も連ねる必要がなくなります。API
Gatewayは、ドメインの出入り口に位置していることから、通信ゲートウェイ機能の
配置場所として利用することも可能です。インターネットとイントラネット間の通信
プロトコル変換をAPI Gatewayが担うのです。

余談ですが、アプリケーション（サービス）のコーディネーションという役割に着
目すれば、API Gatewayは、ドメイン駆動設計におけるアプリケーションサービス、
あるいはGoFのデザインパターンのFacadeに相当します。

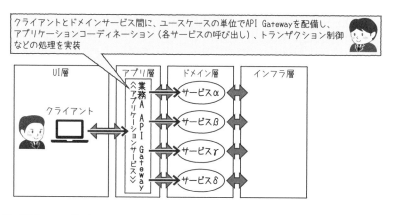

図4.27　API Gatewayパターン

さて、ここまでアプリケーションとして開発するAPI Gatewayについて論じてきま
したが、世の中にはAPI Gatewayに分類される製品があります。ドメインの境界で必
要とされる責務を全うするという観点で、広義では両者ともにAPI Gatewayと呼んで
差し支えありません。しかし、システム開発の現場では、どちらか一方ですべての要
件を賄えるものではなく、両者の特徴に応じて使い分けていくべきです。

たとえば、API Gateway製品は、認証&認可、ログ、メトリクス、ロードバランシング、キャッシュ等、非機能要件を支える汎用的な機能を提供します。わざわざこれらの機能をユーザーアプリケーションとしてAPI Gatewayに実装するのは労力の無駄なので、特別な要件がない限り、API Gateway製品を活用すべきです。反面、サービスのコーディネーションやトランザクションの制御など、ドメイン固有の実装に関わる部分は、ユーザーアプリケーションとして実装すればよいでしょう。

Backends for Frontends

ところで、図4.21の課題［5］「多様なクライアントタイプ」について、どのように対処すべきでしょうか？　クライアントごとのゲートウェイ処理も、API Gatewayの実装に組み込むべきでしょうか？

不特定多数のクライアントが1つのAPI Gatewayを共有使用するケース（One size fits all）を考えてみましょう（図4.28）。この場合、API Gatewayは複数のクライアントプログラムとの通信を担当することになります。仮に、iOS向けのゲートウェイ処理に機能改善要望があったとしても、Androidなど他のクライアント向けの機能改善要望も含めて優先順位が協議され、結果的にiOS向け対応は後回しになる可能性があります。

また、One size fits allの場合、API Gatewayはある特定のクライアント向けのゲートウェイ処理ロジック変更のために、すべての種類のクライアントが影響を受けることになります。たとえば、iOS向けのゲートウェイ処理ロジックのために、オーダー処理唯一のAPI Gatewayである「Order API Gateway」に手を入れることになりますが、予期せぬバグが入り込んでしまった場合にはiOSクライアントだけでなく、AndroidクライアントやPCブラウザクライアントまで影響を受けることになるかもしれません。このような事態をも想定し、不具合を未然に最小化するための外部APIパターンが**Backends for Frontends**、略して**BFF**です。

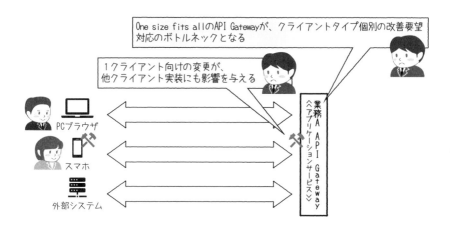

図4.28　API Gatewayによるクライアント個別のゲートウェイ処理

　BFFは、リクエストやレスポンスのレンダリング、通信プロトコルの変換に責務を負うソフトウェアコンポーネントであり、サーバー側においてクライアントとの境界に配置されます（図4.29）。役割や配置場所等、API Gatewayと類似しますが、もちろん違いもあります。API Gatewayと比較したときのBFFのユニークな特徴はその設置の単位にあり、BFFはクライアントごとに作成され、配置されます。Backends for Frontendsという名前の通り、クライアント（フロントエンド）ごとに、BFFサービス（バックエンド）が配置されるのです。

　クライアントごととはいっても、厳格な決まりがあるわけではありません。過去の事例の中には、クライアントOSのバージョンごとにBFFを作成し、配置したケースもあるようですが、BFFの種類が増えすぎてその管理に苦労したそうで、さすがにやりすぎです。iOS、Android、REST、PCブラウザといったレベルで、クライアントのタイプを区分し、（iOS用BFF、Android用BFF、REST用BFF、PCブラウザ用BFFなど）クライアントタイプごとにBFFを用意するのが落としどころではないでしょうか？

　BFFパターンを適用することで、API Gatewayパターンだけでは解けなかった図4.21の課題［5］「多様なクライアントタイプのサポート」を解決することができます。BFFパターンを採用することによって、API Gatewayと、クライアント固有のゲートウェイ機能を分割できます。また、クライアントプログラム開発チームがBFFの開発も兼任するように開発チームを編成することによって、API Gatewayの開発チームと、役割を明確に分離することも可能です。このような開発チームのフォーメーションを取れば、iOS、Android、REST、PCブラウザといったクライアントタイプ固有の機能改善要望に対して、スピーディかつ柔軟に対応することが期待できます。

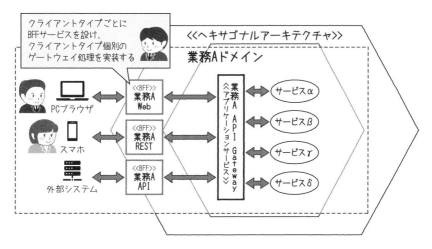

図4.29 Backends for Frontendsパターン

外部APIパターンについてまとめると、次の3つが基本的なコンセプトとなります。

○API Gateway製品は、認証&認可、ログ、メトリクス、ロードバランシングな
ど汎用的な管理用途に利用する。
○API Gatewayパターンは、アプリケーションコーディネーションに責務を負う。
○Backends for Frontendsパターンは、クライアントごとのゲートウェイ処理に
責務を負う。

4.6 ‖ 通信パターン

4.6.1 通信パターンの背景と動機

　マイクロサービスの通信プロトコルとしてRESTが広く知られています。しかしながら、3.7節で触れたように、RESTにはリクエスト／レスポンス＆同期型通信固有の様々な課題があります。それらの課題を解き、クライアントとサービス、そしてサービス間の連携の最適化を図るには、適材適所で、多様なプロトコルを活用しなければなりません。要件に応じて、同期型だけでなく非同期型の通信形態も求められますし、オペレーションミスや障害に備えて冪等性[※6]も視野に入れるべきでしょう。以上の観点よりマイクロサービスの通信形式をパターン化しておき、適用することが望まれるのです。

4.6.2 通信パターンの例

Remote Procedure Invocation

　1つ目の通信パターンは、**Remote Procedure Invocation（RPI）**です（図4.30）。これはリクエスト／レスポンス＆同期型の通信パターンであり、RESTは実装例の1つです。RESTもその1つですが、HTTP/HTTPSベースの通信プロトコル実装を利用するケースが多いため、データセンター内サービス間連携だけでなく、インターネットを介したクライアント／サービス間通信に用いられることも多いのがRemote Procedure Invocationパターンの特徴の1つです。

　シンプルでわかりやすく汎用的であるところがRemote Procedure Invocationのメリットの1つですが、その一方で同期型通信であることから、スケーラビリティに乏しい上に、複雑で時間を要す処理は不得意としています。仮にサービスのロジックが複雑で処理を要す場合、レスポンスの遅延に加えて、クライアントリクエストの滞留がサーバーリソースの枯渇を引き起こし、障害に至る可能性があるのです。

※6　実行回数にかかわらず結果が同一であることを補償する特性。

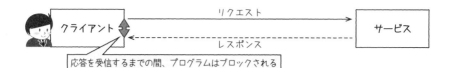

図4.30　Remote Procedure Invocation

Messaging

　非同期的な通信形態を取るのが**Messaging**パターンです（図4.31）。Messagingパターンは、パブリッシャー（プロデューサー）とサブスクライバー（コンシューマー）が、イベント（メッセージ）を介してやり取りする通信モデルです。イベントやメッセージは、MOMやメッセージブローカーが仲介し、非同期的な通信を実現します。すなわち、パブリッシャーがイベント（メッセージ）を発行する際、必ずしもサブスクライバーは起動している必要はありません。イベント（メッセージ）はMOMのトピック（キュー）に保存されているので、サブスクライバーは好きなときにイベント（メッセージ）を取得することができます。

　Messagingパターンを用いることで、一方向＆非同期型、リクエスト／レスポンス＆同期型、リクエスト／レスポンス＆非同期型の3つの通信形式を取ることができます。Messagingパターンは、同じマイクロサービスパターンのSagaやCQRSなどで利用します。

マイクロサービスパターン

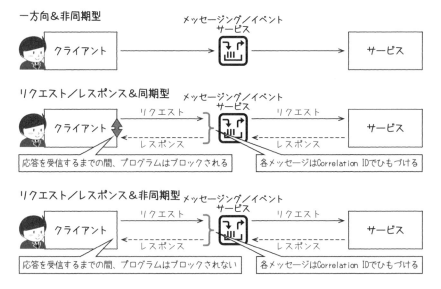

図4.31 Messaging

Domain-specific protocol

Domain-specific protocolは、ある特定のユースケース特有のプロトコルを適用するデザインです。メール送受信を例に取ると、メールの送信に特化したDomain-specific protocolがSMTP、受信に特化しているのがPOPやIMAPとなります。対象とする業務に最適な通信プロトコルがすでに存在し、広く利用されているのであれば、サービス設計に取り入れることを考慮すべきです。

Idempotent Consumer

「Idempotent」、すなわち冪等とは、実行回数にかかわらず結果が同一であることを保証する特性です。障害やオペレーションミスによって、誤って同じ操作を複数回繰り返してしまうことがしばしばあります。そのような意図せぬオペレーションにおいても、冪等性を担保する通信パターンが**Idempotent Consumer**です（図4.32）。Idempotent Consumerとは、たとえば注文IDのように、オペレーションごとにユニークなIDを割り当てて、そのIDにひもづくオペレーションが実行されたか、まだ実行されていないのか確認をすることで、同一オペレーションの重複実行を防ぎます。

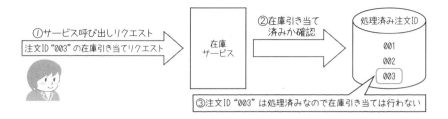

図4.32　Idempotent Consumer

SagaとTransactional outboxパターンを例にとって説明しましょう（図4.33）。

　注文サービスからのイベント送信を受けた在庫サービスは、在庫テーブルから在庫引き当てを行う前に、自身のOutboxテーブルを確認します。注文サービスが送信してきたイベントに含まれているであろう注文IDでOutboxテーブルを検索し、もし注文IDがOutboxテーブルに書き込まれていなければ、在庫テーブルから在庫引き当てを行い、同時にOutboxテーブルに注文ID（とその他アプリケーション上必要な情報）を書き込みます。もし注文IDがOutboxテーブルにすでに書き込まれていれば、当該注文にまつわる在庫引き当ては実施済みなので、在庫サービスは何もしません。

　このように、データベースと簡単な確認ロジックを組み込むことでIdempotent Consumerを実装するのです。

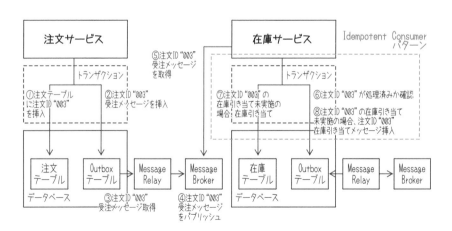

図4.33　Transactional outboxにおけるIdempotent Consumerの適用箇所

4.7 | デプロイメントパターン

4.7.1 デプロイメントパターンの背景と動機

デプロイメントとは

アプリ開発チームが、開発したアプリケーションをサービスとしてエンドユーザーに提供するには、アプリケーションを本番環境にデプロイする必要があります。デプロイ（Deploy）とは、もともとは軍事用語として利用され「（部隊／兵力などを）展開する、配置する」といった意味を持ちます。システム開発における**デプロイ**とは、一般的には開発したアプリケーションをサーバー上に展開／配置して利用できるようにすることを指します。

デプロイメント（Deployment）は、プロセス（アプリ開発チームと運用チームが実行するステップ）とアーキテクチャ（ソフトウェアが実行される環境の構造を定義）という相互に関係する2つのコンセプトから構成されます（図4.34）。

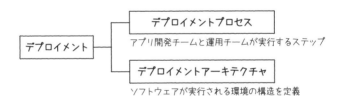

図4.34　デプロイメントの構成要素

デプロイメントプロセスの進化と役割の変化

従来のモノリスアプリケーションでは、デプロイメントはアプリ開発チームからインフラ運用チームに依頼するのが一般的でした。変化の激しいビジネス要求に俊敏に対応するためには、アプリケーションの高速かつ高頻度なリリースは必要不可欠になっています。現在、多くの企業でCI/CD（継続的インテグレーション／継続的デリバリー）が取り入れられ、アプリケーションのビルドからデプロイまでのリリース処理が大幅に自動化されています。従来は、インフラ運用チームが全責任を負っていたデプロイメントプロセスは変貌し、DevOpsの考え方に沿って、アプリ開発チームとイ

ンフラ運用チームが密に連携しながら、ユーザーに迅速かつ継続的にサービスが提供されるようになりました（図4.35）。

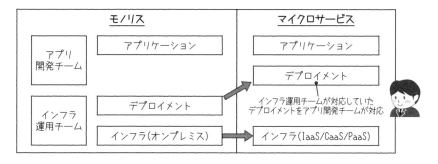

図4.35　デプロイメントプロセスの役割の変化

クラウド技術の進化とデプロイメントアーキテクチャの発展

　クラウド技術の進化に伴いデプロイメントアーキテクチャも、アプリケーションの高速かつ高頻度なデプロイに対応できるよう進化しています。どれだけCI/CDによるデプロイの自動化が進んでも、デプロイ先であるコンピューティング環境の手配に時間を要するのであれば、ユーザーへのサービス提供の足かせとなります。従来、モノリスアプリケーションのデプロイ先となるのは物理マシンそのものでしたが、仮想化技術により、インフラ運用チームは、より早く、より簡単にアプリ開発チームに仮想マシンを払い出すことができるようになりました。

　クラウド技術の進化とともに、コンピューティング環境は、ますます軽量化／短命化が加速しています。IaaSでは、仮想マシンは、必要に応じて簡単に追加／削除できるようになりました。クラウド技術の進化にあわせて仮想化の流れはさらに進展し、ハードウェアレベルの仮想化から、より軽量なOSレベルの仮想化であるコンテナ技術が普及しています。仮想マシンと比較して、より軽量になったコンテナは、オーケストレーション技術と組み合わせることで自動化が促進されました。昨今では、コンテナ技術の派生として、処理が必要なときだけコンテナを立ち上げるサーバーレスサービスが登場し、アプリケーションの実行に必要なクラウドリソースを動的に割り当てるようになりました（図4.36）。

物理マシン	仮想マシン	コンテナ	サーバーレス
			機能
アプリ	アプリ	アプリ	アプリ
		コンテナ	コンテナ
OS	ゲストOS	ゲストOS	ゲストOS
	仮想マシン	仮想マシン	仮想マシン
物理マシン	物理マシン	物理マシン	物理マシン

高速化／短命化

図4.36　デプロイメントアーキテクチャの発展

デプロイメントパターンの必要性

　マイクロサービスにおけるデプロイメントプロセスとデプロイメントアーキテクチャは、モノリスと比較すると、様変わりしており選択肢も増えています。デプロイメントパターンを体系的に理解し、それぞれのメリット、デメリットを理解した上でマイクロサービスを設計することは以下のような点で効果的です。

［1］ 分散アプリケーション

　デプロイするアプリケーションが1つのモノリスアプリケーションに対して、マイクロサービスは、様々な言語、フレームワークで書かれた数十、数百のサービスから構成される分散アプリケーションです。マイクロサービスを構成する個々のアプリケーションをどのような単位でパッケージングし、どのような単位でプラットフォームあるいはランタイムにデプロイするのかによってデプロイメントアーキテクチャの設計は大きく変わってきます。サービス単位やサービス数にあわせた適切なデプロイメントパターンを選択することで、ビジネス要求の変化に対して柔軟に対応可能なマイクロサービスを実現することができます。

［2］ スケーラビリティ

　マイクロサービスを支えるシステムリソースの稼働率を最適化する上で、正しいデプロイメントパターンの選択が必要です。原則として、マイクロサービスは、分散アプリケーションであり、1つのシステムが数十、数百のサービスから構成されます。1つの仮想マシンや1つのコンテナに機能的に独立したアプリケーションを配置した場合、ライブラリやアプリケーションサーバーの機能を共通利用するモノリスアプリ

ケーションよりも全体として多くのリソースを必要とします。個々のサービスは独立
しており、スケールするタイミングはマイクロサービス単位で異なるためスケーラビ
リティの設計は複雑になり、リソースの稼働率に影響を及ぼします。マイクロサービ
スを構成するサービスごとに最適なデプロイメントパターンを選択することでマイク
ロサービス全体のリソース稼働率を最適化しつつ、優れたスケーラビリティを確保す
ることができます。

［3］ 保守性

　様々な言語、様々なフレームワークで書かれたサービスが数十、数百になるマイク
ロサービスでは、複数の小さなサービスの組み合わせでシステムが構成されるため可
動部品が多くなり、モノリスアプリケーションのようにインフラ運用チームがサーバ
ーやサービスを手動で設定していくようなことは現実的ではありません。システム構
成が複雑化することで通信のオーバーヘッドによる性能の低下、障害点の増加、運用
の複雑化が起きます。運用フェーズにおいて、マイクロサービス単体での変更追加は
容易に行えたとしても、システム全体としての変更追加による影響範囲の確認は煩雑
です。大規模なマイクロサービスで運用工数を最適化するためには、高度に自動化さ
れたデプロイメントプロセスとデプロイメントアーキテクチャが必要です。

［4］ 最新技術の取り込み

　マイクロサービスのデプロイメントパターンでは、可能な限り最新のクラウドネイ
ティブ技術を取り込む必要があります。マイクロサービスに適用されるデプロイメン
トアーキテクチャは、従来は仮想マシン中心でしたが、コンテナやサーバーレスが採
用されることが一般化しています。自動化の重要性の高まりやアジャイル開発の浸透
進化によりCI/CDは加速度的に進化しており、マイクロサービスの最大のメリットで
もあるリリースサイクルを高速化するためには、デプロイメントプロセスとして、最
新のCI/CDプロセスを取り入れることが望ましいです。最新のデプロイメントパター
ンを検討することにより、クラウドネイティブ技術のメリットを最大限に享受したマ
イクロサービスアーキテクチャの実現につながります。

4.7.2　デプロイメントパターンの例

　デプロイメントパターンを「デプロイの単位」や「デプロイ先のプラットフォーム」
という観点で整理します。

Multiple service instances per host

　1台のホストに複数のサービスを動かすモデル（**Multiple service instances per host**パターン）の第一のメリットは、ホスト管理がシンプルになることです（図4.37）。インフラ運用にかかる作業負荷は一般的にホスト数に比例して増大するため、ホストごとに複数のサービスを持つことは、インフラ運用コストの抑制につながります。

　第二のメリットとして、仮想化環境の場合、仮想マシンが増大すると仮想化オーバーヘッドが加わるため、なるべく1つの仮想マシンで複数のサービスを稼働させることが、全体のリソース削減にもつながります。

　一方で、1台のホストに複数のサービスを動かすことは、モニタリングや耐障害性の観点では課題があります。たとえば、ホストのCPU使用率を監視しても、個々のサービスのCPU使用率を把握することができないため、どのサービスがCPUリソースを多く使用しているのかを見極めるのが困難です。あるいは、特定のサービスに大幅な負荷がかかった場合、他のすべてのサービスで使用できるリソースが減り、パフォーマンスに影響を及ぼします。耐障害性の観点では、1台のホストが単一障害点となるためサービス全体に大きな影響を与えます。

　また、ホスト上の複数のサービス同士に依存関係がある場合には、デプロイやスケーリングの設計も複雑化し、あるサービスの変更のためのデプロイにより、他のサービスが正しく機能するかを考慮する必要があります。

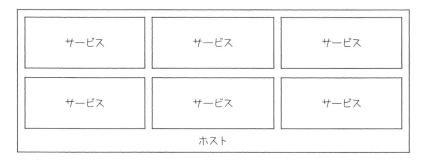

図4.37　Multiple service instances per host

Single Service Instance per Host

　ホストごとに1つのサービスのモデル（**Single Service Instance per Host**パターン）

では、前述した1台のホストに複数のサービスが存在することによる課題を解決することができます（図4.38）。あるホストが停止しても影響を受けるのは1つのサービスのため耐障害性が向上します。他のサービスと独立して簡単にサービスをスケーリングできるので、サービスとそのサービスが稼働するホストに意識を集中することができるため、システムの全体的な複雑さの軽減につながります。一方で、ホストの数が増えるに連れて、オーバーヘッドが発生することもあり、コスト面など欠点が生じる可能性はあります。

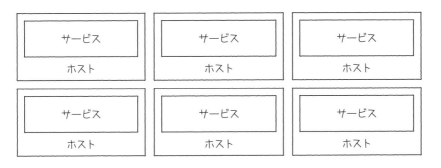

図4.38　Single Service Instance per Host

Service instance per VM

Service instance per VMは、デプロイ先をハイパーバイザー型の仮想化による仮想マシンとするパターンです。仮想マシンはデプロイメント先のオプションとしては重く、デプロイに時間がかかり、コンテナよりも多くのリソースを使います。

　一方で、多くのパブリッククラウドサービスではデプロイメントパイプラインにより、必要なソフトウェアがパッケージングされた仮想マシンイメージをサービスインスタンスとしてデプロイできるので、サービス数が少ないアプリケーションの場合は、コンテナ型の仮想化基盤を準備するよりも低コストで簡単にデプロイできるケースもあります。

　Service instance per VMパターンのメリット、デメリットについて以下にまとめます。

メリット **サービスインスタンスをパッケージ化できる**
　1つの仮想マシンイメージとして、サービスインスタンスの実行に必要なOS、各種ミドルウェア、アプリケーションを事前にインストール、設定、および検証済み

の状態でパッケージ化することで、デプロイメントは容易になります（図4.39）。デプロイ期間を大幅に短縮できると同時にデプロイ担当者のスキルレベルの違いによる品質のばらつきをなくすことができます。サービスの前提となる動作環境も一括して管理できるため保守効率性も向上します。

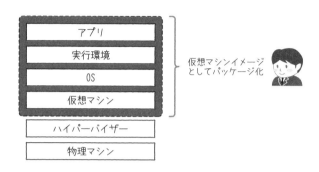

図4.39　仮想マシンにおけるパッケージング

メリット **サービスインスタンスを分離できる**

　コンテナがOSレベルの仮想化であるのに対して、仮想マシンは物理ハードウェアを共有するハードウェアレベルの仮想化です（図4.40）。仮想化ハイパーバイザーは、仮想マシンごとにハードウェア環境をエミュレートします。ハイパーバイザー上の各仮想マシンのリソース（CPU能力やメモリ容量）をオーバーコミットさせずに固定して割り当てることができるためサービスインスタンスを独立した形でパフォーマンスを提供することができます。

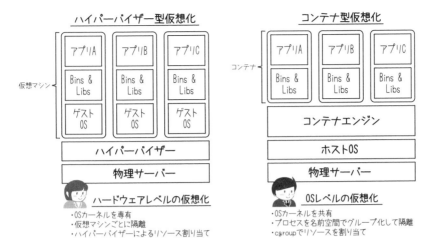

4

図4.40　仮想化技術の比較

デメリット　デプロイメントに時間がかかる

　仮想マシンイメージはOS一式を含むので、一般的に仮想マシンサイズは大きくなりがちで、仮想マシンイメージのデプロイメントにも数分はかかります。ネットワーク上で転送しなければならない情報量は多くなるため、仮想マシンおよびOSの起動時間もかかります。頻繁なデプロイメントが必要なサービスや状況に応じたリアルタイムなスケーリングが求められるサービスでは、仮想マシンイメージのサイズが足かせになることがあります。

デメリット　リソースの使い方が非効率的である

　仮想マシンはハードウェアレベルの仮想化であるがゆえに、個々のサービスインスタンスには、OSを含む仮想マシン全体のオーバーヘッドがかかります。一般的なパブリッククラウド（IaaS）では、仮想マシンのフレーバー（RAM、ディスク、コア数）は標準化された単位で提供されるため、仮想マシンのリソースを余すことなく使用することはできません。軽量な言語で記述されたサービスインスタンスであればあるほど、仮想マシンで稼働させる場合にリソース利用効率が下がります。

デメリット　システム管理のオーバーヘッドが高くなる

　仮想マシンイメージとしてパッケージ化することは、デプロイメントを容易にする一方で、サービスインスタンスの稼働に必要なOS、ミドルウェア、言語ランタイムなどにバージョンアップやパッチ適用が必要なため、仮想マシンイメージの維

持管理に負担がかかります。アプリケーションに変更が生じた際に、仮想マシンイメージの再作成が必要になるケースもあるため、頻繁に更新が発生するサービスの場合は、システム管理のオーバーヘッドが高くなります。

Service instance per container

Service instance per containerは、サービスインスタンスとしてコンテナというOSレベルの仮想化技術を用いるパターンです。コンテナ内で実行されるプロセスから見ると、まるで専用マシンで実行されているように見え、コンテナイメージという形であらかじめパッケージングされたサービスとしてデプロイメントできます。

後述のServerless deploymentに比べて汎用的なプログラミングモデルで利用することができ、昨今ではコンテナプラットフォームとしてデファクトスタンダードであるKubernetesを利用することで、マイクロサービスを構成する大量のコンテナを効率的に管理することが可能です。仮想マシンのメリットである「サービスインスタンスをカプセル化できる」「サービスインスタンスを分離できる」点については、コンテナも同様であるため割愛し、仮想マシンのデメリットを補うメリットについて説明します。

> **メリット** **デプロイメントが高速である**

OSレベルの仮想化であるコンテナは、OS一式を含まないため軽量で起動が速いという特徴を持ちます。仮想マシンと比較してはるかに高速に起動します。通常、仮想マシンでは内部のゲストOSの起動に時間を要するためデプロイメントにかかる時間は分単位ですが、コンテナの起動に必要なのはOS上のプロセスが起動する時間なので秒単位で起動します。サービスインスタンスの数が多くても高速にデプロイメントすることが可能です。

> **メリット** **リソース効率が高い**

コンテナの場合は、仮想マシンと違いハイパーバイザーによるオーバーヘッドがないため、基盤となるハードウェアリソースを最大限に活用することができます。コンテナは、OS一式を含まずにホストのカーネルをコンテナ同士で共有するため、リソース効率も高くなります。仮想マシンと比較して、コンテナ単位でリソース割り当てを細かく制御できるため、同じハードウェアのリソース資源でもより多くのコンテナを稼働させることができます。

メリット　可搬性が高い

コンテナ同士は基盤となるホストOSのカーネルを共有し、アプリケーションプロセスをシステムの他の部分と隔離して実行することができます。ホストOSのカーネルの互換性は必要ですが、基本的にはLinuxが導入されている環境であれば、オンプレミス、プライベート、そしてパブリッククラウドで可搬性を担保しながらアプリケーションを動かすことができます。開発環境、テスト環境、本番環境へ移行するまで可搬性と一貫性を維持することができるため、デプロイメントが高速になり開発速度が向上します。

デメリット　コンテナ基盤の構築運用保守に負担がかかる

コンテナベースのデプロイメントでは、構築したコンテナ基盤を運用し続ける、いわゆるDay2オペレーションが重要です。フルマネージドのコンテナ基盤でない限り、オーケストレーションツールであるKubernetes自体の保守やコンテナが稼働するワーカーノード自身の仮想マシンの保守管理が発生します。アップストリーム版のKubernetesは、3か月ごとにマイナーバージョンがリリースされ、開発ライフサイクルが非常に早いのが特徴です。変化の早いテクノロジーのため、構築後に塩漬け環境にするわけにはいかず、脆弱性やバグ情報をキャッチアップしながら運用していくにはそれなりの運用コストがかかります。

Serverless deployment

Serverless deploymentは、パブリッククラウドが提供するサーバーレスサービスにサービスをデプロイするパターンを指します。Serverless deploymentでは、これまで述べてきた仮想マシンやコンテナのようにサーバー自体を作成したり管理したりする必要がありません。HTTPを介した Webアプリやモバイルアプリからのイベントまたは直接呼び出しに応答して、サーバーレスサービスを使用してアプリロジックを実行できます。 通常、サーバーレスサービスは、開発者がアプリケーションロジックの作成に集中できるように、自動スケーリング、可用性管理、保守などのシステム管理がパブリッククラウド側で実行されます。

メリット　サーバーのリソースを意識しないため、サーバーの管理／運用が不要である

OS、ランタイムの保守管理が不要になります。システムの低水準の保守管理作業の負担が大幅に軽減されます。バージョン管理やパッチ適用が必要なOSやランタイムは、ユーザー側からは完全にブラックボックス化されるため、アプリケーシ

ョンの開発に集中することができます。

メリット **サービス負荷によって自動的にスケーリング（拡張／縮退）する**

　Serverless deploymentでは、サービスの負荷を処理するために必要なだけのア
プリケーションインスタンスが実行されます。事前にキャパシティプランニングを
しなくても、リクエスト数や負荷によって自動的にスケーリング（拡張／縮退）さ
れるため、仮想マシンやコンテナのようなリソースの過不足を気にする必要がなく
なります。

メリット **サービスのリクエスト量に基づいて課金される**

　一般的にパブリッククラウドでは、サービスがリクエストされないアイドル状態
のときも仮想マシンやコンテナは時間あるいは分単位で課金されますが、サーバー
レスでは、サーバー単位ではなく、実行時間や利用したリソースに基づいて課金さ
れます。リクエストベースの課金のため、費用が割安になります。

デメリット **レイテンシがロングテール化する**

　Serverless deploymentでは、アプリケーションのインスタンスをプロビジョニ
ングし、アプリケーションが起動するまでに相応の時間を要するため、起動までに
少なくとも数秒かかるJavaベースのサービスなど一部のリクエスト処理については
レイテンシが非常に大きくなります。

デメリット **イベント／リクエストベースのプログラミングモデルに制限される**

　Serverless deploymentは、すべてのサービスに適しているわけではありません。
レイテンシがロングテール化するため、基本的にはイベント／リクエストベースの
サービスでしか使えません。たとえば、サードパーティメッセージブローカーから
のメッセージを消費するサービスのように、長時間実行されるサービスのデプロイ
には適していません。

4.8 可観測性パターン

4.8.1 可観測性パターンの背景と動機

形あるものは必ず壊れます。ITシステムにも障害はつきものです。障害に備えて監視と通知、対応策を用意しておくことはモダンなITシステムには必須の要件です。特に、マイクロサービスにおいては監視対象の各サービスや関連コンポーネントが論理的あるいは物理的に分散配置されています。これらを漏れなく確実に監視するための知見として、**可観測性**[※7] パターンが求められるのです。

4.8.2 可観測性パターンの例

Distributed tracing

可観測性パターンの1つが、**Distributed tracing**です（図4.41）。Distributed tracingとは、従来からその名の通り「分散トレース」と呼ばれているテクニックです。各リクエストあるいはイベントごとにユニークなIDを割り振り、ログやトレースに書き込むことで、処理の進捗や障害の原因の追跡に役立てます。各サービスが独立したコンテナやプロセスで稼働するマイクロサービスにおいては、実装必須のパターンです。

※7 可観測性（Observability：オブザーバビリティ）とは、システムの内部状態を知るために運用時に必要な情報（ログやトレースなど）を取得できる状態にあること。

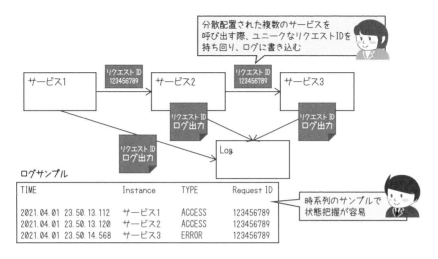

図4.41 Distributed tracing

Log aggregation

　マイクロサービスのような分散コンピューティング環境では、ログやトレースも分散出力されてしまいます。たとえばコンテナ上でサービスをホスティングする場合には、各コンテナにログやトレースが散在し、可視性が妨げられて迅速な復旧を阻害します。**Log aggregation**は、ログやトレースの分散による問題を未然に防止するために、一か所にログやトレースの集約を図る可観測性パターンです（図4.42）。古くはSyslog、またFluentdなど商用やオープンソースのログ集約ソリューションはLog aggregationの実装例です。

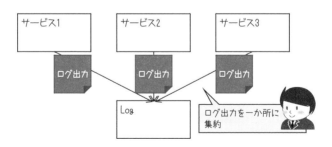

図4.42 Log aggregation

Exception tracking

Exception trackingは、例外を管理し運用担当者に通知するパターンです。ログを常時監視し、事前に設定してあるキーワードを含むログエントリーを検知した場合には、運用担当者に速やかに通知します。

Application metrics

分散配置されたサービスのスケーリングを適切に管理するためには、コンテナなど各アプリケーションランタイムの状態をタイムリーに把握することが必要です。CPU使用率やメモリ等システムリソースの利用状況に加えて、処理リクエスト数やレスポンスタイムなどメトリクスを収集し監視するパターンが**Application metrics**です。Application metricsから得られる情報を前提に、Kubernetesなどオーケストレーションフレームワークやファブリックはアプリケーションランタイムのスケーリングを管理します。

Audit logging

企業システムを対象とした悪意ある攻撃や犯罪が日常化し、内部関係者による犯罪も珍しくなくなってきた現在、マイクロセグメンテーションによるゼロトラスト[※8]といった積極的な対策に加えて、誰が何をしたのか監査情報を取得し保管する基本的対策の確実な実施が求められます。**Audit logging**は、マイクロサービスにおけるユーザー操作の統計と解析を目的としたパターンです。ユーザーの操作履歴はユーザーサポート時のフォローや問題解析時の再現準備だけでなく、セキュリティ的防御やコンプライアンス違反のチェックにも役立ちます。

Health Check API

各サービスが呼び出し可能であるかどうか、その状態を確認するパターンが、**Health Check API**です（図4.43）。監視元のコンポーネントが各サービスのインスタンスにポーリングリクエストを送信し、その結果をもってそれぞれの健康状態を把握します。Health Check APIパターンの実装にあたって、各サービスは必要に応じてヘルスチェック用のAPIを用意しておきます。

また、ヘルスチェックの監視元は様々なコンポーネントに委ねることができます。ルーティングやロードバランシングを担うコンポーネントが、ヘルスチェックの監視を行うケースが多いですが、Service registryのようにサービスのロケーション解決に責任を持つコンポーネントで監視することも可能です。Service registryがヘルスチェ

※8 ゼロトラストとは、「データに対するすべてのアクセスを信頼しない」前提でセキュリティ対策を行うこと。マイクロセグメンテーションとは、ゼロトラストの実現方法の1つで、ネットワークを複数の小さいセグメント（区画）に分割してセグメント間に仮想的なファイアウォールを配置する技術。

115

ックを行う場合には、サービスの各インスタンスの状態に応じて、クライアントやルーターに返すサーバーのアドレスを変更することで、クライアントからのリクエストを常に正常に稼働しているサービスインスタンスに送信させることが容易に実現できます。

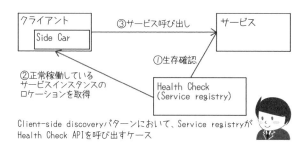

Client-side discoveryパターンにおいて、Service registryが
Health Check APIを呼び出すケース

図4.43　Health Check API

4.9 ‖ リファクタリングパターン

　ここまでマイクロサービス流にアプリケーションを設計／開発し、システムを配置する際に役立つパターンを紹介してきました。最後に紹介するのは、開発し終わったシステムを本番システムとして組み込み、現行システムから移行するための**リファクタリング**パターンです。

4.9.1 リファクタリングパターンの背景と動機

　ITのイノベーションには終わりがありません。最新の技術も数年後には時代遅れと見なされて、代わってまた別な技術や手法が注目されることになるでしょう。この真理から導き出される洞察は、「唯一の技術で企業システムのすべてを統一することは事実上不可能であること」、そして、「既存の現行システムと来るべき新たなイノベーションをにらみながら、適材適所で新たな取り組みを企業システムに組み込む」という、二点です。

　マイクロサービスの適用でも、同じことがいえます。これから起業する新規参入企業を除いて、ほとんどの企業はすでにITシステムを構築し運用しています。これまでITシステムの構築と運用に、膨大なコストと労力を投資してきているのです。それらのIT資産をすべてマイクロサービス化するには、相当の時間とコストが必要となります。投資／経営判断の結果として莫大な負担と引き替えに、現行のITシステムを丸ごとすべてマイクロサービス化するというケースもあるかもしれませんが、多くの場合は既存のモノリシックアプリケーションとマイクロサービス化されたクラウドネイティブアプリケーションの併用を選ぶのではないでしょうか。

　モノリスとマイクロサービスの併用を選択する場合、両者の間のギャップを埋めるという課題に直面します（図4.44の1）。例として、マイクロサービスとモノリスの連携を考えてみましょう。マイクロサービスではHTTPベースのRESTやメッセージングを使って他のサービスとコミュニケーションするのに対して、モノリスでは特定の製品ライブラリに依存した独自プロトコルであったり、HTTPベースであってもSOAPやHTML、RPCといったいささか古めかしい手段を用いて通信することもあるでしょう。そもそもモノリスでは、API化が未着手であるアプリケーションも少なくない可能性があります。マイクロサービスとモノリス間の連携にあたって、両者の通信プロトコルのギャップを解決することが求められるのです。

　マイクロサービスとモノリスの連携に関して加えていえば、両者の依存関係につい

て注意を払う必要があります。第3章で触れたように、マイクロサービスがモノリスに依存しないような連携方法が望ましいのです（p.66：図3.13）。

[1] サービスとモノリスの連携
　●プロトコルの違いをいかに解決するか
　●サービスがモノリスに依存しない連携手法
[2] クラウドネイティブアプリケーションへの移行方法
　●スピーディで高頻度のサービスのリリース

図4.44　リファクタリングの課題例

　また、移行のロードマップも考慮しておくべきです（図4.44の［2］）。マイクロサービス化の対象が現行システムの一部であってもすべてであっても、既存の現行システムの運用を継続し、マイクロサービス化された新システムに移行することになります。日々のビジネス遂行に支障のないように、スマートに移行する仕組みが必要となるのです。

　さらに、DXを成功に導き、継続的なプロジェクト運営を支える上で、サービスのリリース（マイクロサービスへの移行）は、小さな単位でかつ高い頻度で実施することが理想的です。すなわち、移行もアジャイルに実施するのがマイクロサービス流なのです。新たなサービスがビジネスオーナーの期待に沿ったものか、レビューとフィードバックを繰り返しながら進めることが、モノリスからマイクロサービスへのトランスフォーメーションを成功に導く鍵の1つです。そのためには、開発だけでなく移行も視野に入れてアジャイルプロセスを回すことが重要です。

　経営陣にとってマイクロサービス化は大きな投資です。この投資の継続とマイクロサービス化の貫徹のためにも、たとえ一部分であってもマイクロサービス化の成果は素早くタイムリーにリリースして、物理的なシステムと共に、当該プロジェクトの価値をアピールすることが望まれます。そのためにも、高頻度で素早くマイクロサービス化の成果をリリースするための移行方法が求められるのです。

4.9.2　リファクタリングパターンの例

　前項で解説したリファクタリングに関する課題を解決するマイクロサービスパターンとしてAnti-corruption layerとStrangler applicationを紹介します。

Anti-corruption layer

　Anti-corruption layer（腐敗防止層）は、サービスとモノリス連携において生じる通信プロトコルやアプリケーションプロトコルのギャップを解決するためのマイクロ

サービスパターンです（図4.45）。Anti-corruption layerの仕組みは至ってシンプルで、サービスとモノリスの間に、プロトコルのギャップを解決するためのアダプターを設けるというものです。

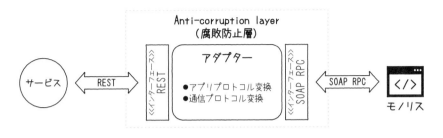

図4.45　Anti-corruption layer

たとえば、モノリスがSOAPベースのRPCスタイルのWeb APIを提供していると仮定しましょう。サービスが他のサービス（やモノリス）を呼び出す際には、REST APIやメッセージング等を使うのが、マイクロサービスにおける理想形です。また、前項で説明したように、サービスがモノリスに依存することは避けたほうがよいでしょう。

そこで、Anti-corruption layerを活用することにします。「腐敗防止」のためにアダプターコンポーネントを開発して配置します。このアダプターには、サービスから呼び出されるインターフェースとしてREST API、そしてREST API呼び出しを受けてSOAPを介してモノリスのWeb APIを呼び出す機能を実装します。さらに、RESTとSOAPベースのRPCの間でアプリケーションプロトコルを変換するロジックも組み込んでおきます。このようなアダプターを設けることでサービスがモノリスに依存することなく、両者が連携できるようになります。

Strangler application

次に、クラウドネイティブアプリケーションへの移行に役立つマイクロサービスパターンとして、**Strangler application**について説明します。図4.46は、Strangler applicationパターンを模式化したものです。まずこの図の見方から解説しましょう。

一番左側にPoC局面があり、左から右に時間が流れるのに従って、移行局面がリリース1.0、リリース2.0、リリース3.0と進展しています。各局面の中の上段にはSystems of Engagement（SoE）、すなわち顧客接点のWebアプリケーションのサブシステム群、下段にはSystems of Record（SoR）、すなわち基幹システムのサブシステム群が配置されています。バックグラウンドが白い長方形はモノリシックなサブシス

テム、バックグラウンドが黒い長方形はマイクロサービス化されたクラウドネイティブサブシステムを表現しています。

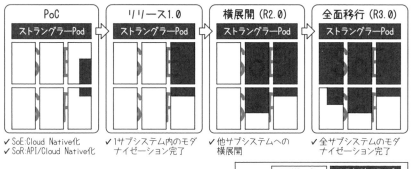

図4.46　Strangler application パターン

　移行作業はPoCから始まります。PoC局面ではSoEとSoRの一番右側のサブシステムの一部を、マイクロサービスを利用してクラウドネイティブ化します。それと同時に、SoEとクライアントの境界である図4.46の上段部分に**Strangler Pod**を開発／配置します。Strangler Podとは、業務アプリケーションのメニュー画面をWebアプリケーションとして提供する、いわばポータルシステムです。エンドユーザーは、Strangler Podの提供するメニュー画面で業務名をクリックすることで、特定のアプリケーションを利用するのです。

　そこで、Strangler applicationパターンでは、各局面の移行作業が終わったら、アプリケーションへのリクエストがマイクロサービス化されたサービスにルーティングされるように、Strangler Podのメニューアイテムが指し示すURIを書き換えます。このような仕組みを用意しておくことで、移行作業後すぐにサービスをリリースし、エンドユーザーに使ってもらうことが可能になりますし、プロジェクトのスポンサーである経営陣にも、具体的な成果を示すことができます。

　また、新規リリースされたクラウドネイティブアプリケーションに障害があった場合には、Strangler Pod上のメニューアイテムが指し示すURIを既存の現行アプリケーション向けのものに書き換えることで、簡単に実績あるモノリシックアプリケーションに切り戻すことが可能です。

　以上のプロセスを、リリース1.0、リリース2.0、リリース3.0と横展開することで、段階的にアプリケーションのモダン化を進めるのがStrangler applicationパターンで

す。

　ちなみに、いささか物騒ですが、Strangleとは「絞め殺す」という意味です。これは他の植物に絡みつき成長するつたやつるなどの植物が、最終的には宿主となっている植物を覆いつくす様を比喩しています。Strangler applicationとは、マイクロサービスがモノリスを置き換えていく様をイメージしたネーミングなのです。

マイクロサービスを支える
クラウドネイティブテクノロジー

デジタルトランスフォーメーションを推進するには、クラウドテクノロジーの採用を避けて通ることはできません。それもサーバーやネットワークの仮想化といった基盤プラットフォームにフォーカスするだけでなく、アプリケーションの構造や作り方もクラウド流に変えてゆくことが求められます。クラウドネイティブアプリケーションを開発し運用する上で重要になる考え方がマイクロサービスです。

　マイクロサービスは、サービスを単位としたアプリケーション開発／運用とデータモデリング、そして分散システムアーキテクチャといった特徴を有しています。従来とは一風変わった手法であるマイクロサービス流のシステム設計や運用を効果的に推し進めるための先人の知見としてマイクロサービスパターンがまとめられ、広く共有されています。

　第1部の第1章から第4章では、上記のような、どちらかといえばアプリケーションプログラムの作り方の観点からマイクロサービスを説明しました。しかし、マイクロサービスとはアプリケーションの設計に特化したものではありません。アーキテクチャスタイル、すなわちクラウドネイティブアプリケーションを形成する建築様式が、マイクロサービスです。マイクロサービスを語る上で、サービス指向のアプリケーションプログラムを支える周辺技術についての説明が不可欠です。そこで、後半の第2部では、マイクロサービスを支える最新のITを取り上げ解説します（図2.A）。

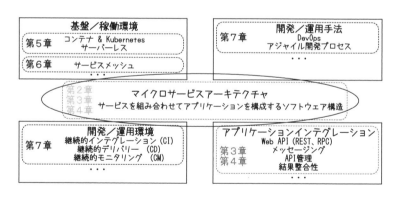

図2.A　第2部におけるマイクロサービスアーキテクチャスタイルの説明範囲

　第5章では、マイクロサービススタイルのアプリケーションの稼働を支える最新のランタイムとして、コンテナ、コンテナオーケストレーションとしてのKubernetes、そしてサーバーレスについて解説します。

　また、第6章では、サービスメッシュ管理について言及します。超分散システムとなるマイクロサービスでは、各サービス間は網の目のようなメッシュ状のネットワー

ク（サービスメッシュ）が形成されます。極めて複雑かつ繊細なサービスメッシュの上で、適切にサービスを配備し、ルーティングし、そして利用状況を監視しながら障害発生時には影響の局所化に努めなければなりません。第7章では、このようなサービスメッシュの管理作業を支援するためのフレームワークを紹介しながら、超分散ネットワークを統治する秘訣を説明します。

　また第7章では、DevOpsを取り上げます。サービス指向のアプリケーションを、クラウドネイティブ流に開発するポイントを、アジャイル開発、CI/CD、運用監視という観点で解説します。

　さらに第8章では、クラウドデプロイモデルを中心にクラウドプラットフォームの最新動向を紹介します。

コンテナ & Kubernetes & サーバーレス

本章では、マイクロサービスを実際にデプロイし、運用するために用いられるプラットフォームテクノロジーを紹介します。

5.1 ‖ コンテナ

まず本節では、アプリケーションと物理的なリソース（CPU、メモリ、ネットワークなど）の関係を考えながら、コンテナの技術が誕生した経緯を説明します。また、コンテナの歴史やコンテナを支える少し深めの技術などもあわせて紹介していきます。

5.1.1 コンテナとは

特にマイクロサービスをデプロイする環境として考えた場合、コンテナとはどういう特性を持っているのでしょうか？　Dockerのサイトでは以下のように説明されています。

> コンテナとは、コードとそのすべての依存関係をパッケージ化したソフトウェアの標準的な単位で、アプリケーションがあるコンピューティング環境から別のコンピューティング環境へと迅速かつ確実に実行されるようにします。

出典：https://www.docker.com/resources/what-container

つまり、**コンテナ**とはアプリケーションとその依存関係を含めた「ソフトウェアパッケージ」の一種であり、このパッケージを様々な（OSやハードウェアの違う）環境で実行させても同じように動作するという特徴があるといえます。

これらコンテナの特徴により、アプリケーションのデプロイメントに責任を持つDevOpsの開発者／運用者の観点からは、次のようなメリットがもたらされます。

- [1] 環境によらずアプリケーションを安定して稼働できる
- [2] 1つのサーバーのリソースを効率よく利用できる
- [3] コンテナの構成ファイルをデプロイ作業の一部にできる

［1］については、開発環境からテスト環境や本番環境へコンテナを移動する場合や、オンプレミスの環境からクラウドの環境へコンテナを移動する場合でも、同じよ

うにアプリケーションが動作することを意味します。環境によってアプリケーションが違う動作をする主な原因は、環境変数や依存関係が環境ごとに異なっているためです。しかし、コンテナではそれらを内包しているため環境の違いに左右されにくく、ポータビリティが高いことが特徴になっています。

［2］については、コンテナにより1つの物理サーバーや**VM**（仮想マシン：Virtual Machine）のリソースを効率よく利用できるようになったことを意味します。特にVMと比較したとき、各コンテナはホストOSを共通して利用するため、起動が非常に速くなります。またコンテナの元となるコンテナのイメージはVMのイメージと比べるとサイズも小さいため、デプロイを迅速に行うことが可能です。

［3］については、伝統的なアプリケーションではデプロイの手順をまとめた手順書があり、運用者がそれを元に手動でファイルをインストールするようなことが行われていました。コンテナ（厳密にはコンテナのイメージ）は、ファイルの配置方法などの手順が記載された構成ファイル（Dockerの場合はDockerfile）を元に作成されます。そのためコンテナを起動した時点で、必要なファイルが必要な場所に存在する状態で利用できます。言い換えれば、コンテナを利用すると一連のデプロイ作業の大部分がすでに終わった状態で利用できるようになるわけです。この構成ファイルはソースコード管理システムでバージョン管理が可能なため、再現性の高いデプロイを行うことが可能です。

また、コンテナとしてデータベースのようなミドルウェアが配布されることで、コンテナの内部構造が多少わからなくても「まず動かして」から、必要に応じてその詳細を調べるようないわゆる「学習の逆転」が容易にしやすくなったこともメリットとして挙げられます。

5.1.2 アプリケーションの分離

コンテナを立ち上げてみる

コンテナの概要について確認できたので、次にコンテナを実現するための技術的要素について確認しましょう。まずは、1つのOS上で実行される複数のアプリケーションが「共通して利用するもの」とアプリケーションごとに独自に「分離して利用するもの」について確認してみます。例としてDockerを用いてコンテナを1つ作成してみましょう（図5.1）。

図5.1　Dockerコンテナを立ち上げる

①Alpine Linux [※1] を用いてシェルを起動する形でコンテナを作成
②alpine:latestイメージがローカルで見つからないのでダウンロード（pull）し
　てくる
③lsコマンドを実行
④hostnameコマンドを実行
⑤ipコマンドを実行
⑥psコマンドを実行

　この例では、Alpine Linuxのコンテナイメージを用いて、シェルを起動する形でコ
ンテナを作成しています（①）。Dockerでは、ローカルにイメージのキャッシュが見
つからない場合、デフォルトでDocker Hubというパブリックなコンテナレジストリ
からイメージをダウンロード（pull）し、それをキャッシュします。

　出力を確認すると（②）、今回はそれに該当するためAlpine Linuxのlatestというタ
グのついたalpine:latestというイメージをダウンロードし、ローカルにキャッシュし
ました。

　次に、そのイメージをベースにコンテナを作成します。今回はコンテナ内のシェル
を起動して立ち上げたので、③以降すべてのコマンドの先頭にAlpine Linuxのシェル
のプロンプト（"/ #"）が表示されています。

　③のlsコマンドで、コンテナ内のルートファイルシステムにあるファイルとディレ
クトリを確認しています。どうやらLinuxの標準的なルート配下のディレクトリが並

※1　musl（https://musl.libc.org/）とBusyBox（https://busybox.net/）をベースとしたLinuxディストリビューション。
　　　https://alpinelinux.org/

んでいるようですが、よく見ると通常起動時に使用される/bootディレクトリはないように見えます。

④のhostnameコマンドと⑤のipコマンドでホスト名やネットワークインターフェースの情報を調べていますが、これも元のホストとは違う値になっていることが確認できます。

さらに、最後のpsコマンド（⑥）でコンテナ内のプロセスの一覧を表示していますが、標準のLinuxではPID 1であるinitのプロセスがなく、代わりに現在実行中のシェルのプロセスがPID 1として表示されているようです。また、このコンテナから見えるプロセスの数も標準のLinuxと比べるとずいぶん少ないように見えます。

これらの例から、コンテナの中のOS環境は物理サーバーやVMにインストールされたOSに比べて様々な制約があるように見えます。それらコンテナの制約を調べるに当たって、まずはOSの「プロセス」について振り返ってみましょう。

プロセスが分離するもの

図5.2は、MacOS上でActivity Monitorを立ち上げて、その上で稼働しているプロセスの一覧を表示した画面です。ここではアプリケーションに対応したいくつかのプロセスを確認することができますが、この「プロセス」が分離しているものは何でしょうか？

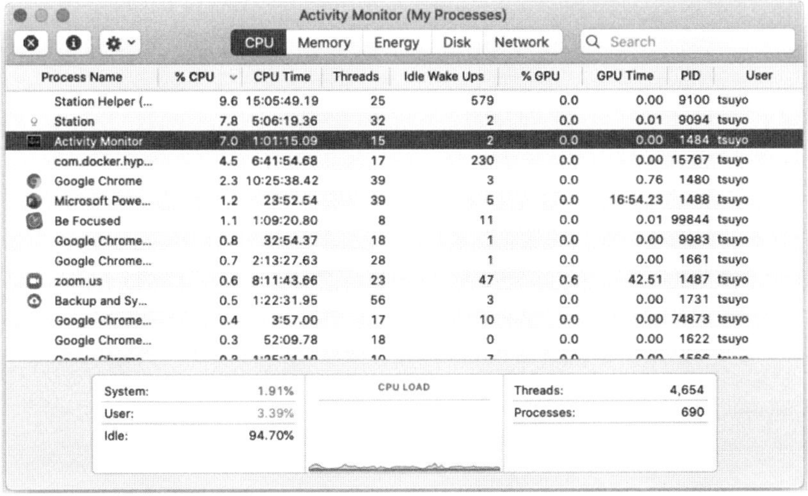

Process Name	% CPU	CPU Time	Threads	Idle Wake Ups	% GPU	GPU Time	PID	User
Station Helper (...	9.6	15:05:49.19	25	579	0.0	0.00	9100	tsuyo
Station	7.8	5:06:19.36	32	2	0.0	0.01	9094	tsuyo
Activity Monitor	7.0	1:01:15.09	15	2	0.0	0.00	1484	tsuyo
com.docker.hyp...	4.5	6:41:54.68	17	230	0.0	0.00	15767	tsuyo
Google Chrome	2.3	10:25:38.42	39	3	0.0	0.76	1480	tsuyo
Microsoft Powe...	1.2	23:52.54	39	5	0.0	16:54.23	1488	tsuyo
Be Focused	1.1	1:09:20.80	8	11	0.0	0.01	99844	tsuyo
Google Chrome...	0.8	32:54.37	18	1	0.0	0.00	9983	tsuyo
Google Chrome...	0.7	2:13:27.63	28	1	0.0	0.00	1661	tsuyo
zoom.us	0.6	8:11:43.66	23	47	0.6	42.51	1487	tsuyo
Backup and Sy...	0.5	1:22:31.95	56	3	0.0	0.00	1731	tsuyo
Google Chrome...	0.4	3:57.00	17	10	0.0	0.00	74873	tsuyo
Google Chrome...	0.3	52:09.78	18	0	0.0	0.00	1622	tsuyo

図5.2　プロセスの例

その答えは、**仮想アドレス空間**と呼ばれる各プロセス独自のメモリ領域です。プロ

セスAとプロセスBはお互いの仮想アドレス空間の中身を知りませんし、アクセスできません。各プロセスは、それぞれの仮想アドレス空間を自分自身が独占して使用します。つまりOSのリソースのうち、プロセスは仮想アドレス空間というメモリ領域を分離していて、共通して利用できないということになります。

一方、その他のOSのリソースであるネットワークやファイルシステムなどは、プロセス間で共通して使用します。たとえばプロセス間で1つの共通したファイルシステムを使用するので、プロセスAがあるファイルシステム上のファイルに書き込んだ後、別のプロセスがそのファイルをオープンすれば、その書き込んだ内容を確認できるわけです。またネットワークのポートに関しても、プロセスAが8080番ポートをオープンしている場合は、プロセスBはその同じポートを同時にオープンできません。これはネットワークポートというリソースがプロセス間で共有されているためです。

コンテナが分離するもの

では、コンテナが分離するものとは何でしょうか？　言い換えると、それぞれのコンテナで他のコンテナを意識せずに「独占して使える」OSのリソースは何でしょうか？

図5.1のDockerコンテナ内で実行したコマンドで確認したように、コンテナ内ではメモリ以外のリソースに関してもさらに制限されているように見えます。言い換えれば、プロセス以上に独占して使えるリソースが多いように見えます。

VMの仮想化と比較してコンテナの仮想化は**OSレベルの仮想化**ともいわれます。前述のように、各VMには異なるOSをインストールすることが可能です。一方、コンテナは、それを起動する「ホストOS」上に立ち上がります。つまりコンテナは、ホストOSから見ると「単なるプロセスの一種」にすぎないわけです[※2]。コンテナは、VMと比較されることが多いので、あたかも「軽量のVM」という印象を持たれることも多いですが、その実態はOS上の一プロセス[※3]です。

以上、2つの事実をまとめると、コンテナの正体は**OSのリソースを標準のプロセス以上にさらに独占して利用できるプロセス**といえます。

5.1.3 プロセス、コンテナ、VM

前節で「コンテナは軽量VMではなく、プロセス」という話をしましたが、ここでプロセス、コンテナ、VMについてあらためて比較しておきましょう（図5.3）。

※2　これをうまく表現したツイートがあります。
　　　https://twitter.com/rhein_wein/status/662995114235678720
※3　図5.1の例では、docker runで指定したshのプロセスがこれに該当します。

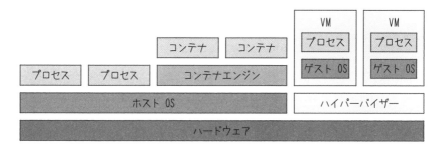

図5.3　プロセス、コンテナ、VM

　一番左側のプロセスは、ホストOS上で直接生成、管理されます。これは、皆さんが普段WindowsやMacなどでアプリケーションをダブルクリックして起動させたときに生成されるものとしてなじみ深いものとなります。

　一方、真ん中のコンテナは、ホストOS上に直接プロセスを起動するのではなく「コンテナエンジン」経由でコンテナ（プロセス）を立ち上げます。繰り返しになりますが、コンテナはプロセスの一種なので、プロセスとコンテナは同じ色にしてあります。

　コンテナエンジンは、DockerやLXCなどが該当し、docker runなどのコマンドでコンテナを生成することになります。

　右側のVMは、ハードウェア上にVMware ESXiなどのハイパーバイザーがインストールされ、各VMが実行されている様子を表しています。各VMは独自のOS（ゲストOS）を持ち、その上で各プロセスが実行される形になります。

5.1.4　コンテナを支える技術

　次に、「コンテナエンジン」がどのような魔法でコンテナを「特別なプロセス」に仕立てているかを見ていきましょう。

　コンテナは、ホストOS上で立ち上がるプロセスの一種でした。つまり「コンテナをコンテナたらしめるもの」は、すべてホストOSの機能で実現されているといえます。その2つの大きな機能が、Linux Namespacesとcgroups（Linux Control Groups）です。本項では、これらの機能について紹介し、それがコンテナを実現する上でどのように利用されているのかを確認しましょう。

Linux Namespaces

　Linux Namespacesは、プロセス間でグローバルなシステムリソースを分離するカ

ーネルの機能です。Namespace（または名前空間）はプログラミング言語やKubernetesにも登場する比較的なじみのある概念ですが、同一の名前でもNamespaceが異なればそれぞれ別のものと見なす、名前の衝突を避けるための概念です。Linux Namespacesの場合には、システムリソースをそれぞれのNamespaceで分ける機能となります。

Linux Namespacesのマニュアルページ（図5.4）によると、Namespaceには後述するリソース管理の「Cgroup」、プロセス間通信の「IPC」、ポート情報などの「Network」、ファイルシステムのマウント情報である「Mount」、プロセスIDの「PID」、クロック情報の「Time」、ユーザーやグループ情報の「User」、ホスト名やNIS[※4]のドメイン名を扱う「UTS」があります。

これらのリソースへの変更は、同じNamespaceのプロセスにしか見えないようになっています。図5.1のdocker runで見たようなPIDやホスト名がコンテナ独自のものになっていたのは、このLinux Namespacesというカーネルの機能で実現されていたわけです。ただしLinux Namespaces自体には、使用できる物理リソースを制限する機能はありません。その機能は、次項で紹介するcgroups（Linux Control Groups）で実現することになります。

```
Namespace  Flag               Page                      Isolates
Cgroup     CLONE_NEWCGROUP    cgroup_namespaces(7)      Cgroup root directory
IPC        CLONE_NEWIPC       ipc_namespaces(7)         System V IPC,
                                                        POSIX message queues
Network    CLONE_NEWNET       network_namespaces(7)     Network devices,
                                                        stacks, ports, etc.
Mount      CLONE_NEWNS        mount_namespaces(7)       Mount points
PID        CLONE_NEWPID       pid_namespaces(7)         Process IDs
Time       CLONE_NEWTIME      time_namespaces(7)        Boot and monotonic
                                                        clocks
User       CLONE_NEWUSER      user_namespaces(7)        User and group IDs
UTS        CLONE_NEWUTS       uts_namespaces(7)         Hostname and NIS
                                                        domain name
```

出典：https://man7.org/linux/man-pages/man7/namespaces.7.html

図5.4　Linux Namespaces

Linux Namespacesの機能を試してみましょう。図5.5の例では、PIDについてのNamespaceを確認しています。

最初のコマンドでは、ホストOS上で起動しているプロセスを確認しています（①）。PID 1として、すべてのプロセスの親プロセスとなるinitが立ち上がっていることが確認できます。

次に、unshareコマンドで親のプロセスとNamespaceを分けて（共有せずに）プロセス（zsh）を起動しています（②）。unshareのオプションで、先ほど紹介した

※4　NIS（Network Information Service）は、Sun Microsystems社が開発した、ネットワーク上のコンピューター間でユーザー名やホスト名などのデータを配布するためのクライアント／サーバー型ディレクトリサービスプロトコル。

Namespaceのうち、どのNamespaceを分けて起動するかを指定することが可能です。今回は、PIDをzsh独自のものにしたいため、「-p」を指定しています。そのzsh内でプロセスを確認すると、先ほどunshareで起動したzshがPID 1として起動し、他のプロセス（ps以外）が一切見えないようになっていることが確認できます。これがまさに、図5.1のdocker runで起動したコンテナ内で実行したpsの結果と同一になっているわけですね。

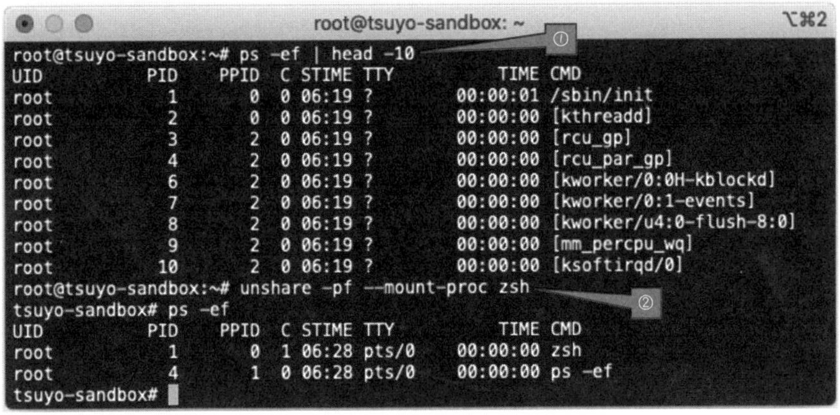

```
● ● ●                        root@tsuyo-sandbox: ~                    ⌥⌘2
root@tsuyo-sandbox:~# ps -ef | head -10                              ①
UID        PID   PPID  C STIME TTY          TIME CMD
root         1      0  0 06:19 ?        00:00:01 /sbin/init
root         2      0  0 06:19 ?        00:00:00 [kthreadd]
root         3      2  0 06:19 ?        00:00:00 [rcu_gp]
root         4      2  0 06:19 ?        00:00:00 [rcu_par_gp]
root         6      2  0 06:19 ?        00:00:00 [kworker/0:0H-kblockd]
root         7      2  0 06:19 ?        00:00:00 [kworker/0:1-events]
root         8      2  0 06:19 ?        00:00:00 [kworker/u4:0-flush-8:0]
root         9      2  0 06:19 ?        00:00:00 [mm_percpu_wq]
root        10      2  0 06:19 ?        00:00:00 [ksoftirqd/0]
root@tsuyo-sandbox:~# unshare -pf --mount-proc zsh        ②
tsuyo-sandbox# ps -ef
UID        PID   PPID  C STIME TTY          TIME CMD
root         1      0  1 06:28 pts/0    00:00:00 zsh
root         4      1  0 06:28 pts/0    00:00:00 ps -ef
tsuyo-sandbox#
```

図5.5　Linux Namespaces（PIDの例）

　もう1つ、Namespaceの例を確認しておきましょう（図5.6）。今度は、ネットワークに関するNamespaceを分けてシェルを起動しています。

　最初のコマンドで、ホストOSのネットワークインターフェースを確認しています（①）。

　次に、unshareコマンドを「-n」オプション付きで起動することにより（②）、引数で指定したshコマンドを親プロセスと別のネットワークNamespaceで起動しています。図5.6の最後のコマンドのように、ネットワークインターフェースの情報が先ほどのホストOSのものに比べて制限されていることが確認できます（③）。

図5.6　Linux Namespaces（ネットワークの例）

cgroups（Linux Control Groups）

　Linux Namespacesの機能を利用することで、dockerコンテナのような「リソースがそのコンテナに限定された」環境を手に入れることができるようになりました。しかし、各コンテナが「どれくらいのリソースを利用できるのか」、いわゆるOSのリソースコントロール的な役割はLinux Namespacesにはありません。つまり、「あるコンテナがシステム全体のCPUリソースのうち最大50%を使用してもよい」といった制限に関しては、Linux Namespacesの機能では実現できません。コンテナエンジンのもう1つの重要な機能であるこの機能は、どのように実現されているのでしょうか？

　それが、本項で紹介する**cgroups**（Linux Control Groups）というLinuxカーネルの機能になります。

　cgroupsはプロセスをグループ化し、使用できるリソースを制限するカーネルの機能です。CPUやI/Oなどのリソースを統一的に管理し、階層的に整理することが可能です。図5.7にcgroupsの例を挙げます。この例では、システム全体のメモリとディスクを教授用、生徒用、システム用のグループに分けており、それぞれ50%、30%、20%使用してよいという設定にしています。

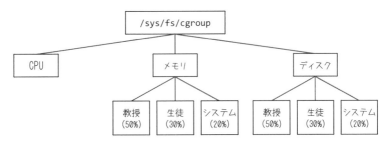

図5.7　cgroups（Linux Control Groups）の例

5

　cgroupsもLinux環境上で確認することができ、一連の流れは図5.8のようになります。以降で個々のコマンドを詳しく見ていきましょう。

　cgroupsを作成するには、cgcreateコマンドを使用します[※5]。この例では、memoryコントローラ（メモリに関するリソースの制御）の下に「test」というパスでcontrol groupを作成しています。

```
$ sudo cgcreate -g memory:test
$ ls /sys/fs/cgroup/memory/test
...
```

```
● ● ●                          tsuyo@tsuyo-sandbox: ~                          ⌥⌘2
tsuyo@tsuyo-sandbox:~$ ls /sys/fs/cgroup/memory/test
ls: cannot access '/sys/fs/cgroup/memory/test': No such file or directory
tsuyo@tsuyo-sandbox:~$ sudo cgcreate -g memory:test
tsuyo@tsuyo-sandbox:~$ ls /sys/fs/cgroup/memory/test
cgroup.clone_children       memory.kmem.max_usage_in_bytes   memory.limit_in_bytes           memory.stat
cgroup.event_control        memory.kmem.slabinfo             memory.max_usage_in_bytes       memory.swappiness
cgroup.procs                memory.kmem.tcp.failcnt          memory.move_charge_at_immigrate  memory.usage_in_bytes
memory.failcnt              memory.kmem.tcp.limit_in_bytes   memory.numa_stat                memory.use_hierarchy
memory.force_empty          memory.kmem.tcp.max_usage_in_bytes  memory.oom_control           notify_on_release
memory.kmem.failcnt         memory.kmem.tcp.usage_in_bytes   memory.pressure_level           tasks
memory.kmem.limit_in_bytes  memory.kmem.usage_in_bytes       memory.soft_limit_in_bytes
tsuyo@tsuyo-sandbox:~$ echo 10000000 | sudo tee /sys/fs/cgroup/memory/test/memory.limit_in_bytes
10000000
tsuyo@tsuyo-sandbox:~$ cat /sys/fs/cgroup/memory/test/memory.limit_in_bytes
9998336
tsuyo@tsuyo-sandbox:~$ sudo cgexec -g memory:test sleep 1d &
[1] 31128
tsuyo@tsuyo-sandbox:~$ ps -ef | grep 31128
root       31128    1320  0 23:35 pts/0    00:00:00 sudo cgexec -g memory:test sleep 1d
root       31129   31128  0 23:35 pts/0    00:00:00 sleep 1d
tsuyo      31137    1320  0 23:35 pts/0    00:00:00 grep --color=auto 31128
tsuyo@tsuyo-sandbox:~$ ps -o cgroup 31129
CGROUP
12:devices:/user.slice,8:pids:/user.slice/user-1028.slice/session-1.scope,7:memory:/test,5:freezer:/user/root/0,4:blkio:/
tsuyo@tsuyo-sandbox:~$ sudo kill 31129
[1]+ Terminated           sudo cgexec -g memory:test sleep 1d
tsuyo@tsuyo-sandbox:~$ sudo cgdelete memory:test
tsuyo@tsuyo-sandbox:~$
```

図5.8　cgroups実行例

　/sys/fs/cgroup/<コントローラ>の下に、このパスで指定したディレクトリが作成されます。この例では、/sys/fs/cgroup/memory/testというディレクトリが作成さ

※5　環境によってはcgcreateコマンドがインストールされていない可能性がありますが、たとえばUbuntuでは「cgroups-tools」というパッケージをインストールすることでcgcreateコマンドが利用できるようになります。

れ、その下にこのコントローラを制御するための複数のファイルが作成されます。た
とえば、この中のmemory.limit_in_bytesというファイルは、このcontrol group配下
で実行されるプロセスが使用するメモリの上限をバイト単位で指定します。

　実際に、ある特定のcontrol group配下でプロセスを起動するには、cgexecコマン
ドを使用します。オプション「-g」で使用したいcontrol groupを指定して任意のコマ
ンドを実行することができます。この例では、まずmemory.limit_in_bytesを
10,000,000バイトに指定して[※6]、cgexecでsleepコマンドを実施しています。

```
$ echo 10000000 | sudo tee /sys/fs/cgroup/memory/test/memory.limit_in_⏎
bytes
10000000
$ cat /sys/fs/cgroup/memory/test/memory.limit_in_bytes
9998336
$ sudo cgexec -g memory:test sleep 1d &
[1] 31128
```
※誌面の都合上、⏎で改行しています。

　プロセスがどのcgroupsを使用して起動しているかについては、「ps -o cgroup」で
確認できます。このsleepのコマンドが、作成したcontrol group（7:memory:/test）
内で実行されている様子も確認できます。また、不要になったcgroupsは、cgdelete
コマンドで削除できます。最後に、作成したcontrol groupを削除し、関連するファ
イルを同時に削除しています。

```
$ ps -ef | grep 31128
root           31128        1320      0 ……
root           31129        31320     0 ……
root           31137        1320      0 ……
$ ps -o cgroup 31129
CGROUP
……
$ sudo kill 31129
[1]+    Terminated              sudo cgexec -g memory:test sleep 1d &
$ sudo cgdelete memory:test
```

※6　ただし、実際に設定される値は、「getconf PAGE_SIZE」で取得できる、システムのデフォルトのページサイズ
　　に丸められるため、9,998,336バイトに設定されています。

5.1.5　コンテナの歴史

　ここまで、コンテナを支えるLinuxのカーネルの技術について紹介してきました。コンテナの基本的な要素がブラックボックスではなく、標準的なLinuxの機能で実現されていることを確認できたでしょう。ちなみに今日現在、コンテナが稼働するプラットフォームとしてはLinuxが最も多いと想定されるため、ここまではLinuxをホストOSとすることを前提として話を進めてきました。しかし本項では、コンテナの歴史を振り返りながら、別の角度からコンテナ技術を俯瞰してみることにしましょう。

　図5.9はコンテナの歴史をまとめたものです[※7]。

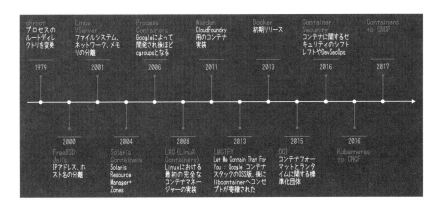

図5.9　コンテナの歴史

　まず、1979年Unix V7にchrootと呼ばれるプロセスのルートディレクトリを変更する機能（システムコール）が登場しました。この機能により今までプロセスで共通して使われていた「ルートディレクトリ（いわゆる「/」）」がプロセスごとに変更できるようになり、アプリケーションが特定のディレクトリへアクセスすることを制限できるようになったわけです。まさにプロセス間のリソース（この場合はファイルシステム）を「分離」するご先祖様的存在といえそうです。

　その後、2000年にFreeBSDのJailsという機能が登場しました。この機能により、1つのシステムが「Jail」と呼ばれる、より細かい単位に分割できるようになり、それぞれのJailにIPアドレスやホスト名を付与できるようになりました。また、翌年の2001年には、Linux版のJailsとも呼ぶべきLinux-VServerという機能が導入されました。

※7　https://blog.aquasec.com/a-brief-history-of-containers-from-1970s-chroot-to-docker-2016を参考に、Solaris ContainersとWardenについては筆者がSun Microsystems、Pivotal在籍時の情報を基にして構成しています。

2004年には、商用UnixのSolaris上でSolaris Containersという機能がSolaris 10パブリックベータの目玉機能の1つとしてリリースされました。Solaris Containersは、もともとSolaris Resource Manager（SRM）と呼ばれるシステムのリソースを効率的に管理するシステム（まさに先ほどのcgroupsと同様の機能ですね）とSolaris Zonesと呼ばれるファイルシステムやネットワークなどのリソースのパーティショニングを行う機能を組み合わせて実装された機能になります。皆さんがイメージするDockerをはじめとする現在のコンテナ技術に最も近い原型がこのSolaris Containersによってもたらされたわけですが、それがDockerの初期リリースの約10年前にすでに登場していたことには驚きです。

2006年には、Linux Control Groups（cgroups）の原型となるProcess ContainersがGoogleよりローンチ（公開）されました。2008年には、Linux NamespacesおよびcgroupsをベースにLinux上で初めての完全なコンテナ実装であるLXC（LinuX Containers）がリリースされました。

オープンソースのPaaS（Platform as a Service）製品Cloud Foundryが最初に一般リリースされたのが2011年ですが、そこで用いられていたリソースの隔離技術がWarden（のちにGarden）でした。Wardenは当初LXCを元に実装されていましたが、Linux以外もホストOSの対象にするべく独自の実装に変更されています。ただし、Linuxでの実装は、依然としてcgroupsおよびnamespacesをベースにしていました。Wardenは、のちにGo言語で書き換えられ、Gardenとして生まれ変わりました。

同様にDockerも、当初はLXCに依存していましたが（LXC経由でcgroupsやnamespacesの機能を利用）、のちにlibcontainer[※8]と呼ばれるコンテナを作成するためのライブラリを採用し、よりダイレクトにカーネルの機能にアクセスできるようになりました。そして、このlibcontainerへコンセプトを提供したのがLMCTFY（Let Me Contain That For You）です。LMCTFYはGoogle社内で使用されていたコンテナスタックをオープンソースにしたもので、リリースされたのは2013年です（現在は活動停止中）。そして同年2013年にDockerの初期リリースが行われ、現在のようなコンテナ人気に火がついたのは皆さんもご存じでしょう。

5.1.6　コンテナイメージ

コンテナイメージとは、一言で表すとアプリケーションを実行するために必要なものがすべて含まれた「ソフトウェアパッケージ」です。しかし、一般的なソフトウェアパッケージのように1つのバイナリの塊として存在するわけではありません。ここでは特にコンテナイメージの具体例としてDockerイメージを扱います。

※8　https://github.com/opencontainers/runc/tree/master/libcontainer

Dockerイメージは、複数の読み込み専用の「レイヤー」から成り立ち、個々のレイヤーは再利用が可能です。先ほどのAlpine Linuxなど基本となるOSレイヤーをベースにミドルウェアやアプリケーションのレイヤーが積み重なることによって1つの「イメージ」が形成されます（図5.10）。

ただし、コンテナを起動した後、設定を変更するなどして元のイメージに修正、書き込みを行うこともできます。この書き込みは別の**コンテナレイヤー**と呼ばれるレイヤーで行われます。コンテナレイヤーは、コンテナ起動時にDockerにより自動的に追加されます。

また、実際の書き込みは、書き込みがあって初めてその対象のファイルがコンテナレイヤーにコピーされる、いわゆる「コピーオンライト」方式です。このコンテナレイヤーと区別して、先ほどのリードオンリーのレイヤー群を**イメージレイヤー**と呼びます。そして、このレイヤー間の相互作用を定義するものがDockerの**ストレージドライバー**です。ストレージドライバーはプラグイン方式になっており、Dockerイメージの要求する仕様に従っていれば自由に選択可能ですが、現在のDockerではoverlay2というストレージドライバーが推奨されています。

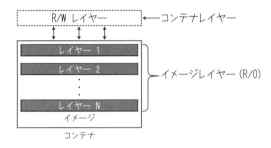

図5.10　イメージレイヤーとコンテナレイヤー

Dockerイメージは、Dockerfile内にイメージ作成の手順を記述するのが一般的ですが、その中でCOPYコマンドなど、イメージに変更を加える命令が実行されるたびに新規のレイヤーが作成されていきます。図5.11は、イメージレイヤーの例です。docker runやdocker pullでイメージ（正確にはイメージを形成する各レイヤー）をダウンロードしてきた後はLinuxの場合、ローカルの/var/lib/docker/<ストレージドライバー>配下にイメージが保存されます（①）。また、「docker history」コマンドで、各イメージが作成されたときのコマンド一覧を表示できますが（②）、その際に「SIZE」に変更があるコマンドが新しいレイヤーを作ることになります（図5.11②の実行結果「CREATED BY」のADDやCOPYコマンド）。

図5.11 イメージレイヤーの例

5.1.7 Union File System

　Dockerでは、このようにソフトウェアパッケージ（イメージ）を細分化（レイヤー）して管理することにより、共通して使用されるOSレイヤーなどを再利用し、効率化を図っています。それでは、この「レイヤーを重ね合わせること」によって1つの仮想的なイメージに見せている技術は何なのでしょうか？

　これが、「Union File System」の機能です。**Union File System（UnionFS）**は、正確には異なるファイルシステムを重ね合わせて1つのファイルシステムに見せるカーネルの技術です（図5.12）。Union File Systemにはいくつか実装があり、その中の1つにOverlayFSがあります。先ほどのoverlay2は、このOverlayFSに対するストレージドライバーになります。

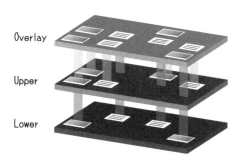

Overlay

Upper

Lower

図5.12　Union File System（UnionFS）

5.2 ‖ Kubernetes

本節では、コンピューターの拡張性（スケーラビリティ）の歴史とともに、大規模にコンテナベースのアプリケーションを展開する際に欠かせない「コンテナオーケストレーション」と、そのデファクトスタンダードであるKubernetesについて紹介します。

5.2.1 コンピューターの拡張性

ここまでコンテナ技術の詳細について見てきましたが、コンテナは基本的に「1台のマシン」のリソース管理を効率的に行う仕組みでした。1台のマシンは、オンプレミスの物理サーバーであったり、クラウド上のVMインスタンスであったりしますが、いずれにせよ「限られた資源を細分化してリソースを効率的に扱う」技術がコンテナの主たる役割でした。

一方、アプリケーションがマイクロサービス化されて大規模で複雑になってくると、各サービスを実装しているコンテナの数も増大します。この場合、いつか「1台のマシン」ですべてのコンテナを稼働できなくなるタイミングがやってきます。また、可用性やスケーラビリティの観点から、同一のコンテナを複数の異なるマシンに分散させて配置したい場合もあります。

このようなとき、「コンテナエンジンのさらに上のレイヤーで俯瞰的にコンテナを管理したい」という要求が発生しますが、その役割を担うのが「コンテナオーケストレーション」と呼ばれるソフトウェアです。

コンテナオーケストレーションの概要を紹介する前に、まずはコンピューターのリソースを「スケール」させる方法について、少し歴史を振り返りながら確認しておきましょう。

コンテナ技術とスケール（垂直方向）

1台のマシンのリソース（CPUやメモリなど）を増やす構成が**垂直方向へのスケール**です。垂直方向へのスケールは、**スケールアップ**とも呼ばれます。

図5.13は、Sun MicrosystemsのSun Enterprise 10000（通称E10K）と呼ばれる、背の高さ以上もある巨大なスーパーコンピューターです。このようなマシンにCPU／メモリボードと呼ばれるボードを追加で差し込むことによって、リソースを増やす構成が垂直方向へのスケールです。

2000年初期、アプリケーションはウェブ層、アプリケーション層、データベース層からなる、いわゆる「3階層のアプリケーション」という構成が一般的でした。コミュニケーションもウェブ層とアプリケーション層、アプリケーション層とデータベース層でのみ行われるシンプルな構成だったため、それぞれの層で使用されるソフトウェアが1台のマシンを占有するという構成が一般的でした。ただし、巨大なマシンは、１台あたりの価格が高価になりがちです。そこで、この貴重な資源を効率的に使用することを目的に、OSのリソース管理機能としてコンテナが登場したわけです（E10Kの場合はSolaris Containers）。

©Tonusamuel
https://commons.wikimedia.org/wiki/File:Sun_Starfire_10000.jpg

図5.13　Sun Enterprise 10000

コンテナ技術とスケール（水平方向）

　一方、安価なマシンを並べてリソースを増やす構成が**水平方向のスケール**です（図5.14）。スケールアップに対して、水平方向のスケールは**スケールアウト**とも呼ばれます。

　クラウドの登場もあり、現在コンピューティングリソースをスケールするには、この水平方向のスケールが一般的でしょう。アプリケーションの観点から見ると、昔はMPI（Message Passing Interface）に対応したプログラミングを行うなど、アプリケーション側で稼働するプラットフォームの並列性を意識しなければならなかった時代がありました。その後、Hadoopのようなデータ分散処理を行うフレームワークが登場し、プログラミングする側が分散環境を意識しなくても、フレームワーク側が処理を分散して実行してくれる仕組みが登場しました。そして、アプリケーションがコン

テナ化された現在は、個々のコンテナで実行されるプロセスは単一のマシンであろうが、分散環境であろうが同様に動くようになったわけです。ただし、個々のコンテナが協調して動作するためには、依然として誰かがその役割を担う必要があります。これがまさに「コンテナオーケストレーション」の大きな役割の1つになります。

©Cskiran
https://en.wikipedia.org/wiki/File:Multiple_Server_.jpg

図5.14　水平方向のスケール（Multiple Server）

5.2.2 コンテナオーケストレーションとKubernetes

ITの世界で使われる**オーケストレーション**とは、コンピューター、アプリケーション、サービスなどを自動的に構成、管理、調整することです。また、その指揮役を**オーケストレーター**と呼びます。オーケストレーションにより、複雑なタスクやワークフローがより簡単に扱えるようになります。

　コンテナオーケストレーションは、大規模で動的な環境において、次のようなコンテナのライフサイクルを管理します。

○可用性、冗長性を持ったコンテナの作成とデプロイ
○負荷に応じたスケールアウト、スケールダウン、ロードバランシング

○ホスト（サーバー）、コンテナのヘルスチェック

コンテナオーケストレーションの実装としてKubernetes、Docker Swarm、Mesos、Nomadなどがありますが、現在のデファクトスタンダードはKubernetesといってよいでしょう。

Kubernetesは、コンテナ化されたアプリケーションやサービスを管理するためのポータブルで拡張可能なOSSのプラットフォームです。YAMLによる宣言的な設定により、複雑なコンテナアプリケーションのデプロイの自動化を容易にします。また、Kubernetesエコシステムも大規模で、OSS／商用問わず多くのツールやサービスが利用可能です。

Kubernetesという名前は、ギリシャ語で「かじ取り」や「パイロット」を意味しています。Googleが社内の大規模クラスターを管理するために利用していたBorgというソフトウェアをベースに、2014年にKubernetesプロジェクトとしてオープンソース化しました。現在のKubernetesはGoogleが長年にわたって本番のワークロードを大規模に運用してきた経験と、コミュニティからの最善のアイデアと実践を組み合わせたものとして広く利用されています。

5.2.3 Kubernetes の機能概要

Kubernetesの主要な機能は、以下の通りです。

サービスディスカバリとロードバランシング

DNS名や独自のIPアドレスを使ってコンテナを外部へ公開できます。あるコンテナへの負荷が高い場合、デプロイが安定するようにネットワークトラフィックを負荷分散します。

ストレージのオーケストレーション

永続化ボリュームとしてNFS、iSCSI、クラウドストレージなどをコンテナがマウントできるようにします。

自動ロールアウトとロールバック

デプロイメントの望ましい状態（Desired State）と実際の状態（Actual State）の整合性を自動的に確保します。たとえば、コンテナのバージョンをアップグレードする場合、宣言的に望ましい状態（新しいバージョン）を記述しておけば、Kubernetes

が自動で古いコンテナを停止し、新しいコンテナを起動します。

リソース管理とスケジューリングの制御

サーバーのクラスターをCPUとメモリのプールとして扱います。各コンテナが必要とするCPUとメモリの量を伝えると、Kubernetesはコンテナをノードにフィットさせて、リソースを最大限に活用することができます。また、同じノードにコンテナを配置するアフィニティや、異なるノードにコンテナを配置するアンチアフィニティを利用することもできます。

セルフヒーリング

起動に失敗したコンテナや障害が発生したコンテナをポリシーに基づいて再起動したり、コンテナを交換したりします。また、ユーザー定義のヘルスチェックを行い、条件を満たさない場合はコンテナを利用させないことができます。

シークレットと設定の管理

パスワードやトークン、SSHキーなどの機密情報をコンテナと独立して管理保存することが可能です。

5.2.4 Kubernetes アーキテクチャ

図5.15は、**Kubernetesクラスター**のアーキテクチャです。Kubernetesクラスターは、クラスター全体の管理を行う「コントロールプレーンコンポーネント」と、実際にPodをホストするワーカーマシンの「（ワーカー）ノードコンポーネント」の2つから成り立ちます。Podの詳細は後述しますが、Kubernetesの最小のデプロイ単位であり、1つ以上のコンテナで構成されています。

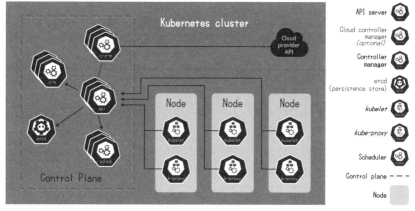

出典：https://kubernetes.io/docs/concepts/overview/components/

図5.15　Kubernetesアーキテクチャ

コントロールプレーンコンポーネント

　コントロールプレーンコンポーネントは、前述のKubernetesの機能を実現するためのもので、クラスター内のノードとPodを管理します。本番環境では、コントロールプレーンは複数ノードで高可用性を担保するのが普通ですが、クラウドベンダーのKubernetesサービスを利用するとコントロールプレーンはベンダー側で提供されているため、ユーザー自身が管理する必要はありません。表5.1にコントロールプレーンコンポーネントと機能をまとめています。

表5.1　コントロールプレーンコンポーネント

コンポーネント名	機　　能
kube-apiserver	Kubernetes APIを公開するフロントエンド
etcd	すべてのクラスターデータを保存するKVS（Key-Valueストア）
kube-scheduler	Podの実行ノードをスケジューリング
kube-controller-manager	Node controller：ノードがダウンしたときの検知
	Replication controller：Pod数の維持
	Endpoints controller：サービスとPodの結合

ノードコンポーネント

　Kubernetesクラスターには、少なくとも1つのノードがあります。**ノードコンポーネント**は、すべてのノードで実行され、実行中のPodを維持し、Kubernetesの実行環

境を提供します。表5.2にノードコンポーネントと機能をまとめています。

表5.2　ノードコンポーネント

コンポーネント名	機　　能
kubelet	クラスター内の各ノードで動作するエージェント
	コンテナの稼働状況を確認
kube-proxy	クラスター内の各ノードで動作するネットワークプロキシ
container runtime	Docker、containerd、CRI-O、および Kubernetes CRI（Container Runtime Interface）の任意の実装

Kubernetes API

　Kubernetesクラスターとkubectlなどのクライアントは、すべて**Kubernetes API**でやり取りします。コントロールプレーンのKubernetes APIサーバーがJSON形式のRESTful APIを受けつける、クラスターとクライアントを結びつける単一のインターフェースとなります。

　やり取りするものは、「APIオブジェクト」と呼ばれる、システムの状態を表す基本単位です。Pod、Deployment、Serviceなど多数のAPIオブジェクトがあります（リスト5.1）。KubernetesのAPIオブジェクトの中で、マイクロサービスをデプロイするにあたり、特に重要なものをいくつか紹介します。

```yaml
apiVersion: apps/v1
kind: Deployment
metadata:
  name: hello-world
spec:
  replicas: 5
  selector:
    matchLabels:
      app: hello-world
  template:
    metadata:
      labels:
        app: hello-world
    spec:
      containers:
      - name: hello-world
        image: gcr.io/google-samples/hello-app:1.0
        ports:
        - containerPort: 8080
---
apiVersion: v1
kind: Service
metadata:
  name: hello-world
spec:
  selector:
    app: hello-world
  ports:
  - port: 80
    protocol: TCP
    targetPort: 8080
```

Pod

Podは、Kubernetesで作成／管理できる最小のデプロイ可能な単位です。Podは、1つ以上のコンテナから構成されており、Pod内のコンテナはIPアドレスとストレージボリュームを共有します。個々のPodを直接作成することもできますが、通常はDeploymentやJobのような別のAPIオブジェクトから間接的に生成されることがほとんどです。また、Podの作成はアトミックな処理、つまりPodが完全に作成されるか、もしくはまったくされないかのどちらかであり、中途半端な状態がユーザーに返されることはありません。

Deployment

Kubernetesの重要な役割の1つが、Podを宣言された望ましい状態で稼働させ続けることです。この必要なPod数を管理するのが**ReplicaSet**というAPIオブジェクトになります。**Deployment**は、ReplicaSetのロールアウトを管理し、宣言的なアップデートを提供するAPIオブジェクトです。

Service

Serviceは、一連のPodを、ネットワーク経由でアクセスできるサービスとして公開するためのAPIオブジェクトです。

ConfigMap

ConfigMapは、他のAPIオブジェクトが使用するための設定を保存できるAPIオブジェクトです。設定はkey-valueペアで保持され、Podからは環境変数、コマンドライン引数、ボリューム内の設定ファイルとして利用することができます。

5.3 ‖ サーバーレス

5.3.1 サーバーレスとは

サーバーレス（もしくはサーバーレスコンピューティング）とは何でしょうか？

サーバーレスとは、一言でいうと「サーバー管理を必要としないアプリケーションを構築して実行する」という概念を表したものです[※9]。

また、その名前からよく勘違いされますが、コードをホストして実行するために「サーバーが不要になった」わけではありません。サーバーレスとは、**サーバーのプロビジョニング、メンテナンス、アップデート、スケーリング、キャパシティ／プランニングに時間とリソースを費やす必要がない**という考え方を指しています。そして、これらのタスクや機能は、すべてサーバーレスプラットフォームによって処理され、開発者や運用チームから完全に抽象化されます。

その結果として、開発者はアプリケーションのビジネスロジックを書くことに集中することができます。運用エンジニアは、よりビジネス上で重要なタスクに集中することができます。

※9　CNCFサーバーレスワーキンググループがまとめた以下のホワイトペーパーで、このように定義されています。
https://github.com/cncf/wg-serverless/tree/master/whitepapers/serverless-overview

5.3.2 サーバーレスの2つのペルソナ

サーバーレスプラットフォームを実行するためには、やはりサーバーが必要です。それではなぜ、このプラットフォームを「サーバーレス」と呼ぶのでしょうか？

それは、サーバーレスのペルソナ（サービスや製品の架空のユーザー像）が大きく2つに分かれていることに関係しています。

最初のペルソナは、開発者です。開発者は、サーバーレスプラットフォームで稼働するコードを書き、その利点を享受する立場です。

2つ目のペルソナは、サーバーレスプラットフォームのプロバイダです。プロバイダは、外部／内部の顧客用にサーバーレスプラットフォームをデプロイ／提供します。外部の顧客に対するプロバイダは、主にクラウドベンダーになることが多いでしょう。内部の顧客に対しては自社内のKubernetes環境上にサーバーレスの仕組みを導入し、開発者に提供するという形態が考えられます。

つまり「サーバーレス」という言葉は、開発者の立場から見たときには正しい言葉となります。しかし、このようにペルソナを明確に意識することにより、「サーバーレス」という言葉がプラットフォーム全体として「サーバー不要」を指すものではない、ということに注意する必要があります。

5.3.3 サーバーレスアーキテクチャ

3階層アプリケーションとサーバーレスアプリケーション

次に、サーバーレスを構成する要素とアーキテクチャについて見ていきましょう。

図5.16は、いわゆる伝統的な3階層のアプリケーションの構成図です。左からブラウザやモバイルなどのクライアント、アプリケーションサーバー、データベースサーバーの3階層で構成されています。この構成では、クライアントはHTMLやJavaScriptの描画処理が中心になります。そして、多くのシステムロジック（認証、ページナビゲーション、検索、データベーストランザクション）がアプリケーションサーバーで実装されています。

図5.17は、この構成をサーバーレスアーキテクチャで再構成したものです。3階層アプリケーションと比較して変化した主な点は、次の5つです。

[1] アプリケーションサーバーから認証部分のサービスを取り出し、汎用的な

外部のサービスを利用する点

- [2] クライアントに直接、一部のデータベースへのアクセス（図5.17では製品デ
ータベース）を許可する点（またこのデータベースも汎用的な外部のサー
ビスを利用する）
- [3] アプリケーションサーバーのロジック（ユーザーのセッション管理やデー
タベースから直接情報を取得してレンダリング）が一部クライアント側で
実行される点
- [4] 時間がかかる重い処理（検索機能）などはそのロジックを依然としてサー
バー側で処理する。ただし従来のようにそのロジックは常時稼働するアプ
リケーションサーバー上で実行されるのではなく、都度イベントごとに起
動されるサービス機能によって処理される点
- [5] 検索以外の他の機能も同様に別のサービスとして実装され、イベントごと
に起動される点

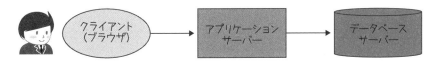

図5.16　3階層アプリケーション

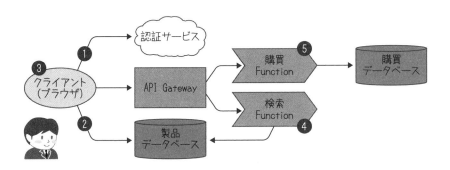

図5.17　サーバーレスアプリケーション

　3階層アプリケーションにおけるアプリケーションサーバーの主な責任の1つは、
リクエストとレスポンスのサイクルを制御することです。サーバー側のコントローラ
は、入力を処理し適切なアプリケーションロジックを呼び出し、通常はテンプレート
エンジンを使用して動的なレスポンスを構築します。

一方、サーバーレスアプリケーションでは、アプリケーションロジックの一部にサードパーティのサービスを利用しています。そのため、サーバー側のコントローラの代わりに、クライアント側で制御フローと動的コンテンツの生成が行われます。クライアントはAPI呼び出しを行い、クライアント側のUIフレームワークを使用して動的コンテンツを生成することで、様々なサービス間の相互作用を調整します。

　3階層アプリケーションのアプリケーションサーバーの最も重要な部分は、コントローラとインフラストラクチャの間で行われる作業、つまりビジネスロジックです。長時間稼働するサーバーが、アプリケーションが稼働している間ずっと、このロジックを実装するコードをホストして必要な処理を実行します。

　サーバーレスアプリケーションでは、ビジネスロジックを実行するカスタムコードのライフサイクルははるかに短く、単一のHTTPリクエストレスポンスサイクルに近いものになります。コードは、リクエストが到着するとアクティブになり、リクエストを処理し、処理が終了するとすぐに休止状態になります。このコードは、サーバーレスプラットフォームの管理された環境内に存在し、コードのライフサイクル管理やスケーリングが行われます。リクエストごとのライフサイクルが短いため、リクエストごとの価格設定モデルにも対応しており、チームによっては大幅なコスト削減を実現できるのが特徴です。

　以上、まとめると、

　　○「外部のサードパーティのサービス」を利用する
　　○「ビジネスロジックをイベントドリブンのサービス」で実装する

という2つがサーバーレスアーキテクチャの基本的な柱となります。この両者について詳しく見ていきましょう。

BaaSとFaaS

　前者の「外部のサードパーティのサービス」は、**Backend-as-a-Service（BaaS）**と呼ばれ、後者の「ビジネスロジックをイベントドリブンのサービス」で実装するためのサービスは**Functions-as-a-Service（FaaS）**と呼ばれています。

BaaS（Backend-as-a-Service）

　例で見たようにアプリケーションのコア機能の一部を置き換えるサードパーティのAPIサービスです。APIの利用者はこれらのAPIをスケーリングやオペレーションのことを考えずに、透過的に利用できるため「サーバーレス」として扱うことができます。典型的なクライアントは、SPA（Single Page Application）やモバイルアプリケーシ

ョンなどのいわゆる「リッチクライアント」です。モバイルの場合は特にMBaaS（Mobile Backend-as-a-Service）と呼ばれることもあります。BaaSのサービス例として、データベースサービスのGoogle Firebaseや認証サービスのAuth0などがあります。

FaaS（Functions-as-a-Service）

イベントドリブンなコンピューティングを提供するサービスです。開発者は、イベントやHTTPリクエストによってトリガーされる関数を使ってアプリケーションコードを実行／管理します。開発者は、小さなコードの単位をFaaSにデプロイし、必要に応じて個別のアクションとして実行します。BaaS同様、サーバーやその他のインフラストラクチャを管理する必要がなく、スケーリングも自動で行われます。FaaSのサービス例として、AWS Lambda、Azure Functions、Google Cloud Functionsなどがあります。

本章のテーマである「自分のコードをどのようにクラウドネイティブにデプロイするか」という観点でサーバーレスを考えた場合は、FaaSが中心になります。また、一部でFaaSのみをサーバーレスと呼ぶ場合もありますが、厳密にはBaaSとFaaSをあわせてサーバーレスプラットフォームとなることに注意しておきましょう。

サーバーレスアーキテクチャの詳細

図5.18は、サーバーレスアーキテクチャを一般化したものです[※10]。大きく4つのコンポーネントが登場し、それぞれ以下のような役割があります。

- イベントソース：1つまたは複数のFunctionインスタンスに対し、イベントをトリガーまたはストリームする
- Functionインスタンス：1つのFunction（マイクロサービス）で要求に従ってスケールする
- FaaSコントローラ：Functionインスタンスとそのソースをデプロイ、制御、監視する
- プラットフォームサービス：FaaSによって利用されるBaaSサービス

※10　参考 CNCF Serverless Whitepaper v1.0「Detail View: Serverless Processing Model」
https://github.com/cncf/wg-serverless/tree/master/whitepapers/serverless-overview

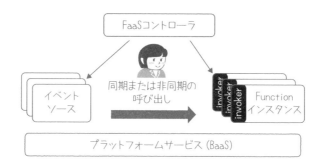

図5.18　サーバーレスアーキテクチャの一般化

5.3.4　サーバーレスのユースケース

　ここまで、サーバーレスの概要やアーキテクチャを中心に見てきました。ここでは、それらサーバーレスの特長を活かしたユースケース[※11]をいくつか見ていきましょう。特にサーバーレスが有効なのは、以下のようなワークロードです。

　○非同期／コンカレント／独立した作業単位へと並列化しやすいワークロード
　○要求の頻度が低い、散発的なワークロード
　○スケーリング要件のばらつきが多く、予測不可能なワークロード
　○ステートレスで短命なワークロード
　○ビジネス要件が頻繁に変化し、開発もそれにあわせた迅速さが求められるワークロード

　次に、個別の具体的なユースケースについて見ていきましょう。

マルチメディアの処理

　一般的なユースケースとして、新しいファイルのアップロードに応答して何らかの変換処理を実行するFunctionの実装があります。たとえば、Amazon S3のようなオブジェクトストレージサービスに画像がアップロードされた場合、そのイベントがトリガーとなり、画像のサムネイル版を作成して別のオブジェクトストレージバケットやデータベースに保存するようなFunctionです。これは、並列化可能な計算タスクの一例で、必要に応じてスケーリングします。

※11　参考 CNCF Serverless Whitepaper v1.0「Serverless use cases」
https://github.com/cncf/wg-serverless/tree/master/whitepapers/serverless-overview

データベースの変更に対するトリガー

このユースケースでは、データベース上のデータが挿入、変更、削除されたときにFunctionが呼び出されます。この場合、Functionは従来のSQLトリガーと似たような機能を持ち、メインのフローと並行して行われるアクションとなります。たとえば、同じデータベース内で何かを変更したり（監査テーブルへのロギングなど）、外部サービスを呼び出したり（電子メールの送信など）するような非同期のロジックを実行したりするFunctionです。このユースケースは、ビジネス上の必要性や変更を処理するサービスの分散の度合いにより、その頻度、アトミック性、一貫性が異なります。

IoTセンサーのメッセージ

ネットワークに接続された自律型デバイスの爆発的な増加に伴い、大量のトラフィックが発生し、HTTPよりも軽量なプロトコルが使用されるようになりました。クラウドサービスは、メッセージに迅速に対応し、メッセージの拡散や突然の流入に対応したスケーリングが可能でなければなりません。サーバーレスの機能は、IoTデバイスからのMQTTメッセージを効率的に管理し、フィルタリングすることができます。これらの機能は、エラスティック（弾力的）にスケーリングし、負荷から他のサービスを守ることが可能です。

大規模なストリーム処理

非トランザクション型、非リクエストレスポンス型の例として、潜在的に無限に存在するメッセージのストリーム内でデータを処理するワークロードがあります。Functionは、メッセージのソースに接続することができ、メッセージはイベントストリームから読み込んで処理されます。高いパフォーマンス、高い柔軟性、および計算量の多い処理ワークロードを考えると、これはサーバーレスの重要なユースケースとなります。多くの場合、ストリーム処理ではNoSQLまたはインメモリデータベースにあるオブジェクトのセットとデータを比較したり、ストリームからのデータを集約してオブジェクトまたはデータベースシステムに格納したりする必要があります。

バッチジョブ／スケジュールされたタスク

非同期的な方法で1日に数分だけ、非常に負荷の高い並列計算、入出力、ネットワークアクセスを必要とするジョブは、サーバーレスに最適です。ジョブは実行している間は必要なリソースを効率的に消費することができ、使用していない間はコストを発生させることはありません。

HTTP REST APIとWebアプリケーション

　従来のリクエストレスポンス型のワークロードは、静的なウェブサイトでもJavaScriptやPythonのようなプログラミング言語を使用してオンデマンドでレスポンスを生成するものでもサーバーレスには非常に適しています。最初のユーザーは、起動にコストがかかるかもしれません。しかし、従来から広く利用されているJava Server Pages（JSP）なども、サーブレットへのコンパイルや追加の負荷を処理するための新しいJVMの起動など、同様に遅延が発生することがありました。このユースケースの利点は、個々のRESTコールが共通のデータバックエンドを共有していても、独立してスケールし別々に課金できることです。

Continuous Integration（CI）パイプライン

　最後に、CIパイプラインでのユースケースを紹介します。従来のCIパイプラインには、ジョブをディスパッチするためにアイドル状態で待機しているワーカーのノードプールがあります。サーバーレスは、事前にホストを用意することなく、コストを削減するのに適したパターンです。ビルドジョブは、新しいコードのコミットやプルリクエスト（PR）のマージによってトリガーされます。Functionが呼び出されてビルドとテストケースが実行され、必要な時間だけ実行した後、使用されていない間はコストが発生しません。これによりコストを削減し、負荷に応じてオートスケーリングを行うことで、ボトルネックを軽減することができます。

5.3.5　サーバーレスのメリット

　サーバーレスのユースケースに引き続き、ここからは実際にアプリケーションをサーバーレスとして設計しデプロイする際に得られるメリットについて見ていきましょう。

コストの削減

　サーバーレスにより、サーバー管理、データベース管理、認証などのアプリケーションのロジックをアウトソースできます。これにより、ハードウェア／ネットワークのインフラのコスト削減と開発者の人件費を削減することが可能です。もちろん、IaaSやPaaSを利用することでも同様にサーバーやOS管理のコスト削減を実現できますが、サーバーレス特有のBaaS、FaaSの観点からどのようにコスト削減が実現できるか考えてみましょう。

BaaS

BaaSでは、サーバーやOSだけでなく、「アプリケーションのコンポーネント」自体がコモディティ化されています。たとえば、Auth0のような認証のBaaSを利用する場合、どのアプリケーションにも共通で求められるようなサインアップ、ログイン、パスワード管理、他の認証プロバイダとの統合機能を利用することが可能です。また、FirebaseのようなデータベースBaaSを用いることで、特にモバイル端末同士でデータをリアルタイムに同期させたりするような共通の機能をコンポーネントとして利用できるようになりました。従来はこのような機能を独自で開発／メンテナンスすることも多く、その分の人件費が（サービスの利用料を考慮しても）削減できることは明らかでしょう。

FaaS

IaaSやPaaSと比較した場合のFaaSのコストメリットは、より直感的です。

IaaSは、「使った分だけ課金」という、うたい文句で登場しましたが、実際にはアプリケーションとしてビジネスロジックを処理していないアイドル時間もVMが立ち上がっていれば課金は続きます。PaaSについても、デプロイ後はアプリケーションが稼働中のステータスとなり、基本的にそれを明示的に停止しない限り課金は続きます。

それに対してFaaSは、Functionが実際に処理をした時間に対してのみ課金されるので、適切に活用できれば、コストの大幅な削減も可能です。「適切に」活用できる、最も典型的な例は、一定の時間単位（たとえば1時間）あたりの平均システムリソース利用時間は小さいものの、突発的に相当量の処理が発生するケース（いわゆる負荷がスパイク／バーストするケース）です（図5.19）。FaaSでは、このようにシビアに処理時間がそのままコストにつながるので、副作用的に無駄な処理を省くためにコードの最適化が実施されやすいことも見逃せないメリットです。

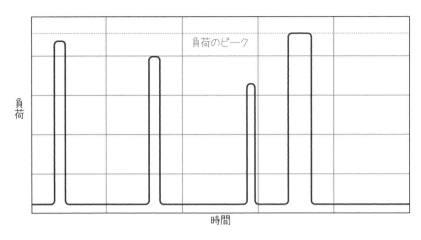

図5.19　サーバーレスに適したワークロード例

容易な運用保守

　コスト削減とも関連しますが、運用管理もサーバーレスの導入により楽になりま
す。FaaSでFunctionをデプロイした後は、設定をすることなく負荷に応じてリソース
が自動的にスケーリングします。不要なリソースの停止も含めてスケジューリングも
自動で行われますし、あらかじめ想定される負荷を見積もり、それに対してリソース
を用意する必要もありません。また、自前で設計したインフラに対しては、セキュリ
ティの管理も必要です。特に、開発／運用者の数と比較すると、セキュリティの専門
家はまだまだ少ないため、それがボトルネックとなり、運用全体に影響を及ぼすこと
も考えられます。さらに、運用負荷が軽減される、もしくはなくなるということは、
それだけ顧客に素早く価値を届けられることにもなります。

　IaaSにも自動的なリソースのスケーリング機能はありますが、インフラストラクチ
ャを意識した設定／管理が必要です。そのような配慮が不要な点がサーバーレスの大
きなメリットの1つです。

5.3.6　サーバーレスの制約

　前項でメリットについて説明しましたが、サーバーレスにも様々なトレードオフや
制約があります。本項では、それらについて確認しましょう。

　ただし、サーバーレスは、コンテナ技術などに比べて比較的新しい概念のため、将
来的に解決される制約もあるでしょう。一方で、そもそもサーバーレス固有の、時が

経っても解決されない制約もあります。この2種類の制約を踏まえて、サーバーレスの制約について表5.3にまとめています。それぞれの制約の詳細を見ていきましょう。

表5.3　サーバーレスの制約

種　　類	概　　要
サーバーレス固有の制約	ステート管理の煩雑さ
	レイテンシの大きさ
	ローカルテストの難しさ
現在の実装による制約	コールドスタート
	ツールや実行環境の制約
	ベンダーロックイン

※本表は、Mike Roberts, John Chapin『What Is Serverless?』(O'Reilly Media, Inc.、2017年、ISBN 978-0201633610)
　第4章を参考に、筆者がまとめたもの。

ステート管理の煩雑さ

　サーバーレスのコンポーネントは、データベースのように状態を明示的に管理するものを除いて、基本的にステートレス（状態を保持しない）です。ステートレスなアプリケーションは、スケールしやすいというメリットがある一方、利用中のデータをメモリやローカルの一時的なファイル領域に保存しないという制約があります。

　ステートの管理が必要な場合は、インメモリデータベースのようなBaaSコンポーネントを利用することになります。しかし、ローカルのメモリやファイルを扱うように気軽にコーディングできませんし、アクセスするためのレイテンシも大きくなります。また、既存のアプリケーションをサーバーレス環境に移行する場合、ステートレスな形にあわせて再設計が必要になることもあります。さらに、利用するBaaSごとの特性にあわせてデータの整合性を考慮することも必要です。

レイテンシの大きさ

　外部サービスであるBaaSを利用する場合は、そのBaaSが準備しているネットワークのプロトコル（たとえばREST API）を使用することになります。あるBaaSに対するレイテンシが大きいからといって、アクセスするプロトコルをより高速なものに変更したり、コンポーネント間のネットワークのトポロジー（たとえば、同じ物理マシン上に配置する）を変更するといったことはできません。

ローカルテストの難しさ

　サーバーレスプラットフォームでアプリケーションを実装する際、一番大きなネガ

ティブなインパクトは、手元のPCなどローカル環境でのテストのやりにくさではないでしょうか？

現在は、OSSを中心に大半のデータベースやメッセージキューなどのサービスがコンテナのイメージとして提供されています。つまり、コンテナの環境さえあれば（ネットワークが遮断されていたとしても）ローカルに閉じてほとんどの開発／テストが可能です。しかしサーバーレスの場合は、Functionベースのユニットテストは実施できますが、サービスを利用するインテグレーションテストはその性質上やりづらくなるでしょう。

また、コンテナベースであれば、スケーリングのテストなどもある程度まではローカルで可能です。しかしサーバーレスの場合は、クラウドのサービス実装をローカルで実行できるツール[※12]などを利用しても、ローカルで可能なテストは基本的な機能のテストに限定されます。

コールドスタート

サーバーレスプラットフォームが抱えるパフォーマンスの問題の1つに、いわゆる**コールドスタート**[※13]があります。

サーバーレスのコードを実行する環境は、プラットフォームに依存しますが、仮にコンテナが用いられていると仮定します。この場合、最初のアクセスやしばらくアクセスされていなかった後のアクセス、コンテナ数がスケーリングにより変わった直後のアクセスなどは、初期化処理などでコンテナがすぐにコードを実行できる状態になっていません。そのため、予期せぬ遅延が発生する可能性があります。これは、一定時間内に処理が完了することを期待する、いわゆる「リアルタイム処理」が求められる環境では特に深刻になります。ただし、この制限はプラットフォームベンダーの最適化の工夫などにより将来的には改善されることが期待できます。

ツールや実行環境の制約

コンテナベースのアプリケーションの場合、「個々のアプリケーションはコンテナイメージにパッケージングして、さらにそれをコンテナオーケストレーションで一度にデプロイする」という方法が可能です。サーバーレスのアプリケーション全体をデプロイする場合は現在のところ同じ体験をできるツールはありません。

また、FaaSの実行環境で利用可能なリソース（CPU、メモリ、実行時間）は、現在のところ非常に限定的です。そのため、既存のアプリケーションをFaaS上で稼働させるためには、リソース利用の観点からも再設計が必要になることが多いでしょう。

さらに、サーバーレスの実行環境で取得できるログやメトリクスの情報も、コンテ

※12 たとえば、DynamoDB Local（https://docs.aws.amazon.com/amazondynamodb/latest/developerguide/DynamoDBLocal.html）。
※13 システムまたはその一部が作成または再起動されたときに、内部オブジェクトの初期化が行われていないなどの理由で、通常の動作をしていない問題のこと。

ナベースのものと比較すると制約があります。特に、サーバーレスアプリケーション全体を一元的に監視できるようなモニタリングツールは、現在のところ多くありません。

　また、ローカルでのテストが限定的になるため、リモートの実行環境でのデバッグを求められますが、それに対するツールのサポートもまだまだ始まったばかりです。ただし、ツールや実行環境に関しては、OSSも含めて日進月歩で改善が進んでいくことが期待されます。

ベンダーロックイン

　サーバーレスのプラットフォームを選択すると、そのプラットフォーム固有のフレームワークとツールを用いて開発を行うことになります。FaaSでのFunctionの実装は、プラットフォームごとに異なるため、基本的に互換性がありません。

　また、そのプラットフォームで利用できるBaaSやその他エコシステムも、プラットフォームごとにある程度限定されます。プラットフォームをあとで変更することになった場合、その移行コストは運用も含めて非常に高いものになるでしょう。

　これはサーバーレス特有の制約というわけではなく、プラットフォームにパブリックなクラウドベンダーを選択した場合には常にベンダーロックインの問題がつきまといます。特にサーバーレスがコンテナ技術やKubernetesと異なる点は、現時点でサーバーレスに関する「業界標準といえる仕様」がない点です。アプリケーションをコンテナベースで作成していれば、どのクラウドベンダーのKubernetesサービスでもオンプレミスのKubernetes環境でも動作しますが、サーバーレスの場合はまだまだそこまで標準化が進んでいません。1つの可能性として、Knative [※14] やKubeless [※15] のようなサーバーレスプラットフォームをKubernetes上で動かすフレームワークが標準的になってくれば、Kubernetesの標準的なメリットを活かしつつ、このサーバーレスの制約も徐々に薄まるかもしれません。

※14　https://knative.dev/
※15　https://kubeless.io/

5.4 ‖ デプロイメント技術の 比較とまとめ

　以上、コンテナ、Kubernetes、サーバーレスの話を軸に、マイクロサービスを支えるプラットフォームテクノロジーを紹介してきました。サーバーレスは「サーバー管理を必要としないアプリケーションを構築して実行する」プラットフォームと説明しましたが、「ではサーバーレスはPlatform-as-a-Service（PaaS)と何が違うのか？」と疑問を持った方もいるのではないでしょうか。確かにPaaSも、その基本的な概念はサーバーレスと同じで、「ユーザーがインフラの管理を意識せずにアプリケーションを開発、実行、管理する」ためのプラットフォームです。そこで最後に、PaaSとの違いも含めて全体のまとめを行い、本章を締めくくることにしましょう。

　図5.20は、サーバーレス（FaaS）、PaaS、コンテナオーケストレーション（CaaS：Containers-as-a-Service）を、ビジネスロジックへのフォーカス（縦軸）とインフラストラクチャへの関心と制御（横軸）を軸にまとめたものです。

図5.20　サーバーレス、PaaS、コンテナオーケストレーション

　サーバーレスではビジネスロジックへのフォーカスが最も高くなっている一方、コンテナオーケストレーションではインフラストラクチャを最も意識しています。PaaSは、この中間の位置づけになっています。

　もちろんこれは、どれか1つのデプロイ技術が優れていて、それだけを使えばいい、というわけではありません。アプリケーションの特性やワークロードを意識しながら適材適所のデプロイ方法を組み合わせて利用していくことが求められます。

コンテナオーケストレーションの特徴

　Kubernetesを中心としたコンテナオーケストレーションは、

　　○インフラストラクチャをユーザー自身で管理したい場合
　　○ベンダーロックインをできるだけ避けたい場合
　　○ポータビリティやアプリケーションの再利用性を高めたい場合

に最適なプラットフォームであり、この三点が主なメリットです。
　逆に、

　　○セキュリティ管理や適切なイメージ管理を含むインフラストラクチャの運用が
　　　ある程度必要

というデメリットがあります。

PaaSの特徴

　Cloud FoundryやHerokuをはじめとするPaaSは、

　　○OSやコンテナの管理が不要
　　○パッケージ化された最終的なアプリケーションがあれば、迅速にデプロイ可能

というメリットがあります。また、運用開始後も、プラットフォームが必要に応じて自動的にアプリケーションをスケールしてくれます。
　逆に、コンテナオーケストレーションと比較して、

　　○よりベンダーロックインされる
　　○インフラストラクチャのきめ細かな管理や制御ができない

というデメリットがあります。

サーバーレスの特徴

サーバーレスは、

○インフラの管理や汎用的なサービスをプラットフォームに委譲し、イベントド
　リブンなFunctionにフォーカスしてアプリケーションを開発できる
○デプロイ後も、コードが実際に実行された時間でのみ課金される

というメリットがあります。特に後者は、他と比べてとてもユニークなメリットで
す。
　逆に、

○現在まだプラットフォームやコミュニティが成熟していない
○既存のアプリケーションの移行にあたり、ハードルが高い

などのデメリットがあり、これは今後の課題といえるでしょう。
　テクノロジー全般に当てはまることですが、ソフトウェアデプロイメントの世界に
も銀の弾丸、すなわち万能の解決策はありません。様々な環境や条件を考慮しながら
最適なプラットフォーム、またはその組み合わせを選択する必要があります。

サービスメッシュ

6.1 サービスメッシュの必要性

マイクロサービスでは、数多くのサービスが互いに連携し合って、1つのシステム
を構成します。このようなシステム構成では、どのような考慮事項があるでしょうか
か？　サービスが「互いに連携」といいましたが、連携するサービスにはどうやって
到達すればよいのでしょうか？　そもそも複数あるサービスは、どのようにデプロイ
するのでしょうか？　あるサービスで障害が発生したときには、どのサービスにまで
影響が及ぶかをすぐに把握できるのでしょうか？

数多くのサービスから構成されるマイクロサービスは超分散システムとなるため、
適切にサービスを管理しないと、管理の手間が膨大に増えて破綻することになりま
す。そこで、適切にサービスを管理する方法の1つとして利用されるものが、「サー
ビスメッシュ」です。本章では、サービスメッシュが提供する機能とメリットについ
て説明します。また、サービスメッシュの代表的なソフトウェアも紹介します。

6.1.1 マイクロサービスにおける サービスへのアクセス

サービスメッシュの説明に入る前に、まずはマイクロサービスにおけるサービスへ
のアクセスの課題について、そのポイントを整理します（図6.1）。

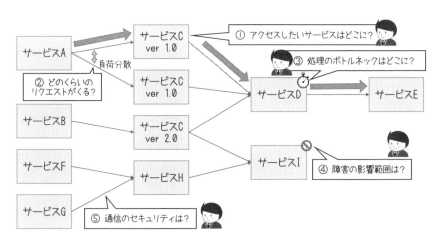

図6.1　マイクロサービスにおけるサービスへのアクセスの課題

サービスの位置

　図6.1の①を見てください。サービスAは、サービスCにアクセスしています。この
サービスCのIPアドレスを、サービスAはどのように知ることができるでしょうか？

　第5章で述べたように、マイクロサービスは、コンテナやサーバーレスのようなラ
ンタイム上で稼働することが多くなります。これらのプラットフォームでは、サービ
スのデプロイや再起動のたびにIPアドレスが変更になることが一般的です。マイクロ
サービスのメリットの1つとして、「サービス単位で機能の更新やメンテナンスを実
施できる」ことがありますが、このメリットを享受するため、サービスは常にデプロ
イや再起動がなされていると考えたほうがよいでしょう。そのため、サービスの呼び
出し元は、呼び出したいサービスの最新のIPアドレスを常に把握するための仕組みが
必要です。

　また、サービスAはサービスCのバージョン1.0を、サービスBはサービスCのバー
ジョン2.0を必要とするなど、サービスCのように、同じサービスでも複数のバー
ジョンが稼働していることもあります。このような場合でも、呼び出し元が必要とす
るバージョンへ適切に到達できることが必要です。そのため、サービスの呼び出し元
が呼び出し先のサービスのネットワーク上の位置を特定する「サービスディスカバリ」
をいかにして実現するかが課題の1つとなります。

リクエストのトラフィック

　続いて、図6.1の②です。たとえばサービスCが認証などの全社で利用されるような
共通サービスであった場合、数多くのサービスから呼び出されることになります。そ
のため、サービスCは「どのサービスから接続されて」「どの程度のリクエストが来
るか」「ピークはいつか」といった、受信するリクエストの特性の全体像を把握する
ことは困難です。そのため、リクエストの状況に応じた動的な負荷分散ができるトラ
フィックコントロールができなければなりません。

サービスの状態

　パフォーマンスや障害の観点での課題はないでしょうか？　図6.1の③と④を見て
ください。サービスAがサービスCを呼び出し、さらにサービスD、サービスEと呼び
出しが続いています。もしどこかのサービスで遅延や障害が発生していた場合、その
箇所の特定は容易にできるでしょうか？

　マイクロサービスでは、内部の実装はそれぞれのサービスにとって最も適した方法
を採用できるため、実装で使用されるプログラミング言語や方法は様々です。そのた

め、サービスの状態を知るためのロジックをサービスに組み込もうとすると、プログラミング言語ごとにライブラリを用意することとなり、非効率です。

また、サービスの実装に制約を設けることにもつながり、「最も適した実装を採用する」という方針から外れることになります。したがって、サービスが正常に稼働していて、不具合がないことを内部の実装に依存せずに、サービスから出力される情報から判断できなければなりません。サービスの出力から内部の状態を把握できることを**可観測性**と呼びます。マイクロサービスを構成するサービスは、可観測性を持つことが重要となります。

この可観測性は、サービスが正常に動作しているかの振る舞いを把握するために重要です。遅延や障害が発生した場合の影響についても考えてみます。図6.2は、マイクロサービスにおける障害の波及を図示したものです。

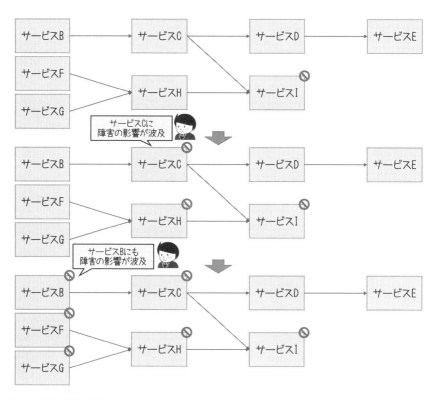

図6.2　障害の影響の波及

サービスIでエラーが発生したため、サービスIを呼び出しているサービスCやHも、

サービスIのレスポンスを利用できずにエラーとなります。また、そのサービスCやH
を呼び出しているサービスBとF、Gもエラーとなります。このようにエラーが次々と
各サービスに連鎖していった結果、システム全体が障害となり、影響が広範囲に及び
ます。

　本来であれば、サービスDやEは正常に動作しているため、たとえば、サービスBと
Cの中でも、サービスDとEを利用する処理であれば、正常に動作し続けることができ
るはずです。このように、あるサービスで発生した障害がシステム全体に影響を及ぼ
すのではなく、特定の処理にのみ影響を局所化できることが重要となります。これを
障害の分離と呼びます。

セキュリティ

　図6.1の⑤に示したセキュリティへの配慮も、もちろん重要です。アクセス元の認
証／認可や通信路の暗号化といったセキュリティ機能を効率よく実現する仕組みも必
要となります。

マイクロサービスで考慮すべきこと

　これまでに見てきたマイクロサービスにおける課題から、考慮すべき事項をあらた
めてまとめます。

サービスディスカバリ（Service Discovery）

　呼び出すサービスのネットワーク上の位置を特定する仕組みです。サービスがデプ
ロイされる環境の特性から、IPアドレスは動的に変更されることが多く、最新のIPア
ドレスを常に把握する仕組みが必要です。また、サービスは複数のバージョンを持つ
こともあるので、必要とするバージョンのIPアドレスを取得できなければなりませ
ん。

トラフィックコントロール（Traffic Control）

　リクエストの状況に応じた動的な負荷分散を実現するためのネットワークトラ
フィックの制御です。呼び出し元のサービスの全体像を把握し続けることは困難なの
で、大量のリクエストが来てもシステムがダウンしないように制御できなければなり
ません。

可観測性（Observability）

　サービスの出力から、そのサービスが正常に動作しているのかというサービス内部
の状態を把握するための仕組みです。複雑にサービスが連携するため、障害や遅延が
発生しているサービスを素早く特定できる必要があります。マイクロサービスの各
サービスの実装は、それぞれのサービスに適した実装方法が採用されているため、内

部実装に依存しない方法で、サービスの内部状態を把握できなければなりません。

障害の分離（Fault Isolation）

あるサービスで発生した障害や遅延が、広範囲に連鎖してシステム全体に影響を及ぼさないように、障害の影響範囲を局所化する必要があります。

セキュリティ（Security）

リクエストが複数のサービスをまたぐため、呼び出し元のサービスの認証／認可や、通信路の暗号化が重要です。

これらの考慮事項を効率よく解決するために、マイクロサービスでは、サービスメッシュと呼ばれる考え方を取り入れることが多くあります。次節では、サービスメッシュとは何かについて見ていきましょう。

6.2 ▎ サービスメッシュとは

サービス間の相互の通信が、図6.3のように網の目状、つまり、メッシュ状につながっていることから、マイクロサービスにおけるサービス間通信を管理する仕組みのことを**サービスメッシュ**と呼びます。

図6.4のようにサービス間のあらゆる通信を通過する層として、サービスに付随する軽量なプロキシを設け、サービスディスカバリやトラフィックコントロール、可観測性、障害の分離、セキュリティといった管理機能を実現します。

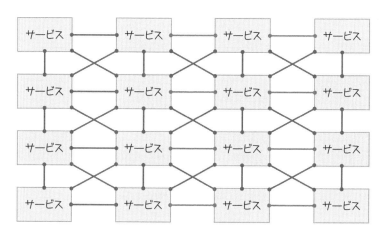

図6.3　網の目状につながるサービス

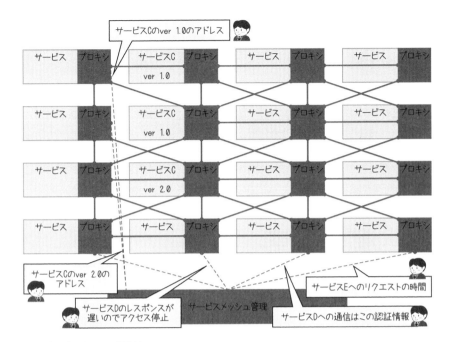

図6.4　サービスメッシュの概念図

　図6.5に、もう少し詳細なサービスメッシュの構成を図示します。サービスメッシュは、コントロールプレーンとデータプレーンの2つのコンポーネントから構成されます。**コントロールプレーン**は、サービスメッシュの管理を担当し、サービスディスカバリなどの管理に必要な情報を保管したり、構成変更などの管理の命令を発行したりします。**データプレーン**は、コントロールプレーンからの指示を受けてサービスの通信をコントロールしたり、管理に必要な情報をコントロールプレーンに送信したりします。

　データプレーンは、サービスの実装に組み込まれるのではなく、「サイドカーパターン」と呼ばれる方法で、各サービスに付随する形として構成されます。**サイドカーパターン**は、補助的な機能をサービス本体と分離して別のコンポーネントとしてデプロイする、分散システムにおけるデザインパターンの1つです。

　サービスと補助機能とが、ネットワークやディスクなどの必要な情報を共有しながら、サービスはビジネスロジックに専念し、補助機能は運用などのサポートに専念することで、全体としてサービス稼働に必要な機能を取りそろえます。

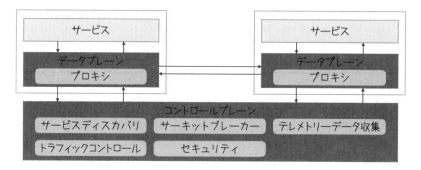

図6.5　サービスメッシュの構成

　サービスメッシュでは、サイドカーとしてプロキシを利用することで、サービスの実装言語に依存することなく、サービスに関わるすべての通信を制御できるようになります。つまり、サービスメッシュを実現するために、サービスの実装を変更する必要がなく、サービスの開発チームは、ビジネスロジックの開発に専念できるようになります。

　コントロールプレーンは、プロキシを制御することで、サービスに関わる通信を制御し、マイクロサービスの管理を実現します。マイクロサービスを構成するサービスは、常に変化します。そのため、サイドカーとして利用するプロキシも、マイクロサービスの構成の変化によって、設定を変更できる必要があるため、APIで制御できるプロキシの実装が利用されます（図6.6）。

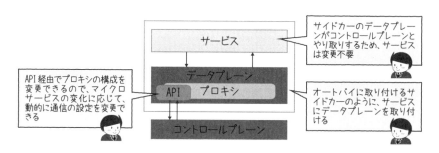

図6.6　サービスメッシュの構成

6.3 || サービスメッシュで できるようになること

　ここまで、サービスメッシュの概要と構成について説明しました。サービスメッシュを使うとどのようなことができるのか、もう少し具体的な内容について説明していきます。サービスメッシュを使ったマイクロサービスの管理として、代表的なものは以下の通りです。各項目について詳しく見ていきましょう。

　　○サービスディスカバリと負荷分散
　　○トラフィックコントロール
　　○サーキットブレーカー
　　○分散トレーシングのためのテレメトリーデータの収集
　　○セキュリティ

6.3.1 サービスディスカバリと負荷分散

　すでに触れたように**サービスディスカバリ**は、呼び出すサービスのネットワーク上の位置を特定する仕組みです。図6.7に、サービスメッシュによるサービスディスカバリの実現方法を図示します。

　各サービスがデプロイや再起動によってIPアドレスが変更された際に、コントロールプレーンは、その構成変更を検知します。検知の実現方法の１つのやり方は、データプレーンが、コントロールプレーンに対して、IPアドレスを通知する方法です。サービスにアクセスする側のデータプレーンは、コントロールプレーンからアクセス先の情報を入手します。また、データプレーンは、負荷分散のポリシーもあわせて受信し、そのポリシーにあった方法でサービスへのアクセスを分散します。

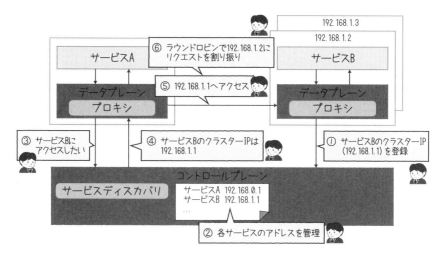

図6.7　サービスディスカバリと負荷分散

6.3.2　トラフィックコントロール

トラフィックコントロールは、サービスへのアクセスの割り振りを設定に基づいて変更したり、サービスからの戻り値を変更したりするなど、サービス間の通信を制御する仕組みです。トラフィックコントロールの主な例は、以下の3つです。

　○トラフィックの分割（Traffic Splitting）
　○条件に応じたトラフィックの分離（Traffic Steering）
　○障害の注入（Fault Injection）

トラフィックの分割、条件に応じたトラフィックの分離

　トラフィックの分割は、サービスへのリクエストのうちの10%をバージョン2に、残りの90%をバージョン1に割り振るといった、リクエストのアクセス先を設定された割合によって分けることです（図6.8）。

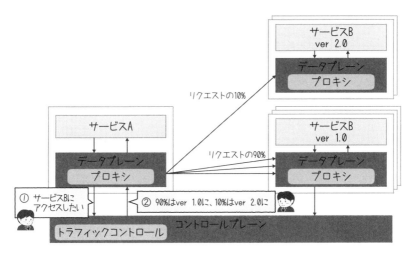

図6.8　トラフィックの分割

　一方で、条件に応じたトラフィックの分離は、たとえばCookieに含まれるユーザーIDがテスト用のIDであればバージョン2に割り振り、それ以外はバージョン1に割り振るといった、リクエストの内容に対する条件を設定して、アクセス先を変更することです（図6.9）。

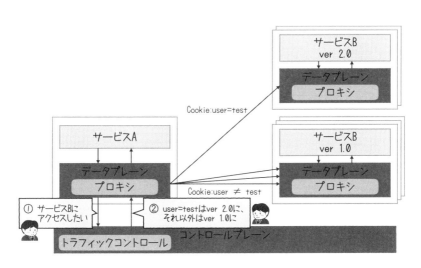

図6.9　条件によるトラフィックの分離

　トラフィックの分割や分離は、カナリーリリースやA/Bテストに活用できます。

カナリーリリースは、新しいバージョンをリリースする際に、新バージョンにアクセスするユーザーの割合を絞ることで、新バージョンに何らかの不具合があっても、影響を受けるユーザーを減らすことができるリリース方法です。リリースする際に、新旧の両バージョンを同時稼働させつつ、まずはテストユーザーのみ、次にユーザーのうちの10%、20%と、新バージョンへ割り振られるユーザーの割合を徐々に増やしていきます。

A/Bテストは、機能追加や改善に複数の案がある場合に、複数の案をリリースしてユーザーにアクセスしてもらい、どの案が最も効果が高いかを測定するテスト手法です。ユーザーを半数ずつバージョンAとBに割り振ったり、ある属性を持つユーザーだけをバージョンBに割り振ったりして、それぞれのバージョンの使い勝手や効果などのフィードバックを得ます。

障害の注入

障害の注入は、特定のサービスへのアクセスについて、レスポンスが返ってくるまでに一定の遅延をわざと発生させたり、必ずHTTPステータスコードが500番台のエラーを返したりといった、疑似的な障害状態を作り出す仕組みです（図6.10）。マイクロサービスのテストでは、サービス間の通信障害のテストが重要となりますが、障害の状態を発生させることが難しいことが多くあります。この障害の注入を利用することで、疑似的な障害状態を作り出すことができ、テストを効率よく実施できるようになります。

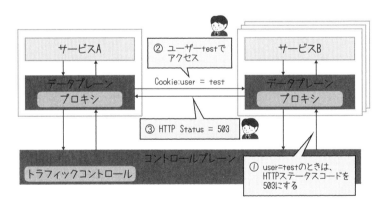

図6.10 障害の注入

6.3.3 サーキットブレーカー

サーキットブレーカーは、あるサービスで障害が発生した際に、その影響範囲をできるだけ最小限に抑えるための仕組みです[※1]。

図6.2に示したように、あるサービスで障害が発生すると、そのサービスを呼び出しているサービスも障害となって、さらにそのサービスを呼び出しているサービスも障害となってと、障害が連鎖し、システム全体に影響を与えます。

障害の種類によっては、サービスの呼び出し元へすぐにエラーが返って来ず、タイムアウトまで待つこともあるでしょう。そうなると、タイムアウト待ちが連鎖することになり、システム全体がスローダウンすることもあります。そこで、障害の発生を検知すると、一定の期間は障害が発生しているサービスへのアクセスを遮断し、すぐにエラーを返すようにします。このようにすることで、タイムアウト待ちを抑制でき、システム全体のスローダウンの発生を防止します。また、サービスの回復を検知すると、その回復したサービスへのアクセスを、元の通りに再開します（図6.11）。

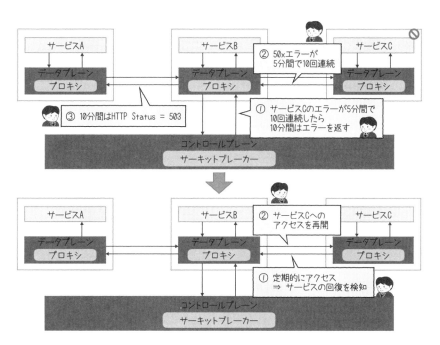

図6.11　サーキットブレーカー

※1　サーキットブレーカーという名称は、電気のブレーカーが異常電流を検知すると、自動的に通電を遮断する仕組みからきています。

6.3.4 分散トレーシングのための テレメトリーデータの収集

分散トレーシングは、1つのリクエストが複数のサービスをまたがるときに、どのサービスから順に呼び出され、それぞれのサービスでの処理時間はどのくらいであったかという、リクエストを追跡するための仕組みです。

サービスごとにログを取得し、いつどれくらいのリクエストが来たかがわかるようになっているシステムも多いでしょう。しかし、マイクロサービスのような分散システムでは、1つのサービスだけで処理が完結せずに、複数のサービスをまたぐことになります。そうなると、それぞれのサービスで取得したログだけでは、処理の全体像がわかりません。あるサービスAで1つ目に処理したリクエストは、別のサービスBでは2つ目に処理されるかもしれません。このときにサービスAの1つ目のリクエストとサービスBの2つ目のリクエストのログをつなげてあげて全体像を把握します。このリクエストのつなぎを作る仕組みが分散トレーシングです。

図6.12は、Istioというサービスメッシュの実装で収集したログ（**テレメトリーデータ** [※2]）を、Jaegerという可視化ツールで可視化した例です。この例では、「7 Traces」と表示されているため（図6.12①）、直近の1時間でproductpageに7回のアクセスがあったことがわかります。また、上から3番目のアクセスでは415ミリ秒かかっていることがわかります（図6.12②）。415ミリ秒の内訳を知るためにドリルダウンしてみると、productpageからdetailsやreviewsが呼び出されていること（図6.12③）、reviewsの処理時間が約250ミリ秒でここに時間がかかっていること（図6.12④）などがわかります。

※2　テレメトリーデータとは、イベント、ログ、メトリクス、トレースなど定期的に生成されるデータです。詳細はp.189のコラムを参照。

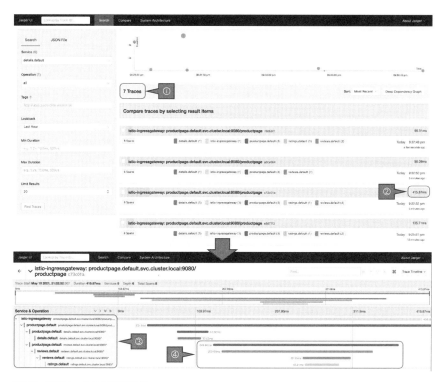

図6.12　分散トレーシングの可視化例

　この例のように、サービスメッシュの多くの実装では、サービスメッシュの機能として、テレメトリーデータの収集のみを担当し、トレース可視化プロバイダと呼ばれるテレメトリーデータを可視化するツールと連携することが多く見られます。トレース可視化プロバイダは、Zipkin[※3]やJaeger[※4]というオープンソースソフトウェアが有名です。

　サービスメッシュにおけるテレメトリーデータの収集の様子を図6.13に示します。サービスをまたがるリクエストのつながりを作るため、データプレーンはリクエストを識別するためのリクエストIDを付与します。また、データプレーンは、コントロールプレーンに対して、リクエストを受けつけた時刻やレスポンスを返すまでにかかった時間やエラーの有無といったテレメトリーデータをリクエストIDとともに送信します。このリクエストIDを処理全体で使い続けることで、コントロールプレーンにて収集される膨大なテレメトリーデータの中から、一連の処理に関連するデータを抽出し、可視化につなげることができます。

※3　https://zipkin.io/
※4　https://www.jaegertracing.io/

サービスメッシュ

6

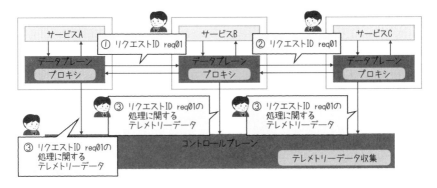

図6.13 分散トレーシングに必要なテレメトリーデータの収集

このテレメトリーデータの収集では、可観測性を利用しています。各サービスの実装を修正することなく、各サービスから出力されるレスポンスやログからサービスの稼働状態を把握し、データプレーンがリクエストIDを振ることで、処理全体の稼働状態を把握できるようにしています。

6.3.5 セキュリティ

サービスメッシュは、サービスが他のサービスを呼び出す際の認証／認可やセキュアな通信を効率よく管理するセキュリティの機能も提供します。コントロールプレーンは、データプレーンに対して認証／認可ポリシーを配布します。また、サービスを呼び出す側（クライアントに相当）と呼び出される側（サーバーに相当）を相互に認証するための相互TLS認証を実現するために、電子証明書を発行し、管理します（図6.14）。

各サービスが独自の証明書を利用した場合、その証明書を信頼できる証明書として扱うための管理が必要となりますが、サービスメッシュで一元的に管理することで、サービスが増えても効率よく管理できるようになります。

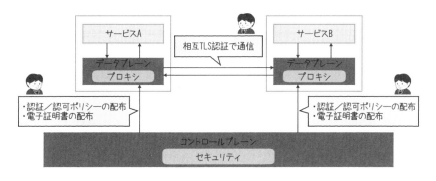

図6.14　相互TLS認証によるサービス間の認証

6.4 ‖ サービスメッシュの ソフトウェア例

　本章の最後に、サービスメッシュの代表的なソフトウェアを紹介します。ここで
は、IstioとLinkerd、Consulの3つを紹介します。他にもどのようなソフトウェアが
あるか興味がある方は、サービスメッシュを比較しているWebサイト（Service Mesh
Comparison[※5]）などを参考にしてください。

6.4.1　Istio

　Istio[※6] は、Google、IBM、Lyftの3社によって開発され、2017年5月に最初のパ
ブリックリリースであるバージョン0.1が公開されました。現在も、オープンソース
プロジェクトとして開発が進められています。Istioを組み込んだクラウドサービスや
製品も多く発表されており、30社近くの企業がパートナーとしてプロジェクトを支
援しています[※7]。

　図6.15は、Istioのアーキテクチャです。Istioでは、コントロールプレーンとして
istiodが、データプレーンとしてEnvoyが稼働します。なお、Envoy[※8] は、Istioプロ
ジェクトの実装ではなく、Lyft社が開発し、オープンソースソフトウェアとして公開
されているプロキシソフトウェアです。

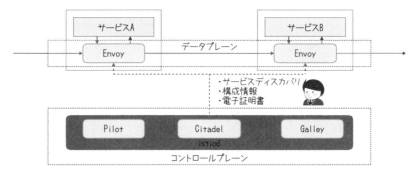

出典：https://istio.io/latest/docs/ops/deployment/architecture/

図6.15　Istioのアーキテクチャ

　コントロールプレーンのistiodは、大きくPilot、Citadel、Galleyの3つから構成されます。この3つの機能は、もともと独立したコンポーネントとして稼働していましたが、2020年3月にリリースされたバージョン1.5から、istiodとして1つのプロセスで稼働するようになりました[※9]。また、Mixerというテレメトリーデータを収集する機能がありましたが、こちらはEnvoyの拡張機能を利用するように変更となり、Mixerは非推奨機能となりました。Pilot、Citadel、Galleyの役割は、それぞれ以下の通りです。

Pilot

　Envoyと連携し、サービスディスカバリとトラフィックコントロールを担当します。

Citadel

　認証局として、秘密鍵の管理や証明書の発行を担当します。

Galley

　Istioの設定を管理します。

6.4.2　Linkerd

　Linkerd[※10] は、Buoyantによって開発され、オープンソースプロジェクトとして公開されているサービスメッシュの実装です。Cloud Native Computing Foundation（CNCF）のプロジェクトの1つでもあります。2016年1月にバージョン0.0.7として公

※9　https://istio.io/latest/blog/2020/istiod/
※10　https://linkerd.io/

開され、2017年4月にはすでにバージョン1.0.0がリリースされるなど、サービスメッシュの実装として長い歴史を持っています。そのため、金融機関をはじめとした多くの企業の商用サービスに採用されています。

Twitterで働いていた技術者がBuoyantを立ち上げ、Twitterでの大規模サーバーでの運用の知見を基にLinkerdを開発したという背景もあり、バージョン1系統は「Twitterスタック」と呼ばれるFinagle、Netty、Scala、JVMで構成されています。また、Kubernetesだけでなく、Amazon Web ServicesのECSやDocker、Java 8が稼働するサーバー上でも動作するなど、稼働環境の豊富さも特徴の1つです。

マイクロサービスの大規模環境での使用を想定し、より軽量に動作することを目的として、これまでの「Twitterスタック」から、Go言語とRust言語による実装にすべてを書き換え、バージョン2系統が2018年9月にリリースされました。こちらはKubernetesのみが稼働環境となっています。また、プロキシの実装は、一時期Conduitという名称でリリースされていましたが、Linkerd 2.0に統合されています。現在は、バージョン1系統と2系統の両系統の開発が継続しています。

図6.16は、Linkerd 2.0のアーキテクチャです。コントロールプレーンとなるcontrollerと、データプレーンとなるlinkerd-proxyから構成されています。また、メトリクスの収集はPrometheus[※11]、ダッシュボードはGrafana[※12]を使用し、Linkerdプロジェクト外のオープンソースソフトウェアを活用しています。

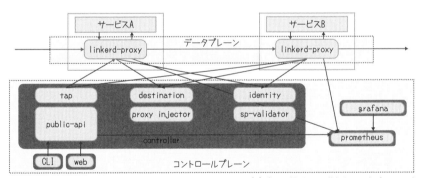

出典：https://linkerd.io/2/reference/architecture/

図6.16　Linkerd 2.0のアーキテクチャ

controllerの主なコンポーネントの役割は、以下の通りです。

destination

各プロキシがリクエストの送信先のネットワーク情報を取得するために参照しま

※11　https://prometheus.io/
※12　https://grafana.com/

す。また、宛先のデプロイの際に、リトライ回数やタイムアウトといった情報を取得するためにも参照されます。

identity

認証局として、各プロキシに対して証明書を発行します。

proxy injector

稼働環境であるKubernetes上に新しいPodが作成される際に、Webhookによる通知を受け取り、プロキシをサイドカーとして立ち上げます。

sp-validator

サービスプロファイルと呼ばれるLinkerdの構成情報を保存する前に、妥当性を検証します。

tap

コマンドラインとウェブのそれぞれのインターフェースからのリクエストとレスポンスをリアルタイムで監視します。

6.4.3 Consul

Consul[※13]は、HashiCorpが開発し、提供しているクラスター管理ソフトウェアで、サービスディスカバリやテレメトリーデータの収集といったサービスメッシュの機能も提供しています。2014年4月にバージョン0.1.0が公開され、2017年10月にバージョン1.0がリリースされました。2018年にリリースされたバージョン1.2において、Consul Connectと呼ばれる機能が実装され、サービスメッシュという言葉もConsulのドキュメントの中で使われるようになりました。

図6.17は、Consulのアーキテクチャです。クラスターの構成情報や状態を管理するサーバーと、サービスが稼働するノードにConsulの構成ポリシーを適用したり、ノードの状態を監視したりするクライアントからなる、サーバー／クライアントの構成となっています。さらに、サービスにはサイドカーとしてConsul Connectが稼働し、データプレーンとしての役割を担います。このConsul Connectとともに稼働するプロキシの実装は、Consul独自実装か、Envoy、ユーザーが選択したカスタム構成のいずれかを選択可能です。

Consulは、サーバーとクライアントを稼働環境の各ノードに導入するタイプであ

※13　https://www.consul.io/

り、仮想サーバーやKubernetesクラスターなど、複数の実行環境を選択したり、共存して利用したりできることが特徴的です。また、データセンター間など、ネットワーク帯域を十分に確保できないクラスター間も相互に接続して管理できることも特徴の1つです。

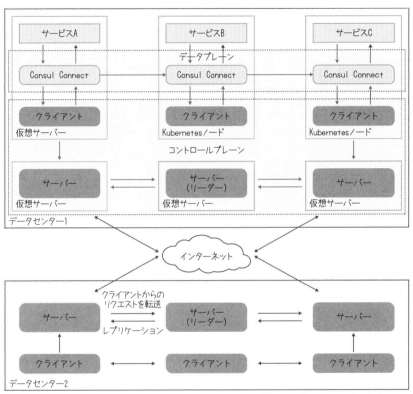

出典：https://www.consul.io/docs/architecture
https://docs.microsoft.com/ja-jp/azure/aks/servicemesh-consul-about

図6.17　Consulのアーキテクチャ

Column

Service Mesh Interface

　サービスメッシュのソフトウェア例をいくつか紹介しましたが、サービスメッシュのソフトウェアは数多く開発され、公開されています。選択肢が増え、マイクロサービスの管理としてサービスメッシュを手軽に使えるようになったものの、新たな課題も出てきました。それは、サービスメッシュの実装ごとに異なるAPIや機能を提供しているため、たとえば、運用をより効率よくするようなアプリケーションがサービスメッシュを利用する場合、どうしてもサービスメッシュのソフトウェアに依存してしまうということです。IstioであればIstio用の、LinkerdであればLinkerd用のアプリケーションにするか、もしくはIstioとLinkerdのAPIを利用するように実装して切り替えられるようにするか、といった効率の悪さが課題となっています。

　そこで、2019年5月に、MicrosoftとLinkerd、HashiCorpなどを中心に、複数の企業が協力しながら、**Service Mesh Interface**（**SMI**）[※14] という標準化を進めていくことを発表しました。SMIでは、Kubernetes上で稼働することを前提に、以下の4つの仕様を定める活動を進めています。

Traffic Access Control
　許可されたユーザーやサービスのみがサービスにアクセスできるように、アクセス制御を定義するための仕様。

Traffic Split
　リクエストを一定の割合で複数のサービスに分割する、トラフィック分割を定義するための仕様。

Traffic Specs
　HTTP/1やHTTP/2のパスの定義やHTTPヘッダーのフィルタ定義など、プロトコルレベルで通信を制御するためのKubernetesのリソース定義に関する仕様。

Traffic Metrics
　エラー率やサービス間通信の遅延といった、主要なメトリクスを取得するための仕様。

※14　https://smi-spec.io/

▋ Column

テレメトリーデータ

　テレメトリーのもともとの語源は、衛星やロケットなどの宇宙開発や、スマートメーターを使ったガスや電気の使用量測定など、遠隔から対象の機器の状態を観測する「遠隔測定法」と呼ばれる手法から来ています。ITシステムの場合は、システムに異常が発生していないか、不具合の発生の未然防止ができないか、システムやアプリケーションの改善／向上のポイントは何かといった分析に活用するために、ITシステムの状態を観測することになります。この観測の際に収集するデータのことを**テレメトリーデータ**と呼びます。具体的には、以下の観点のデータとなります。

イベント

　午前9時にある処理を実行した、指示を受け取ったなどのように、ある時刻に発生した個々のリクエストやアクションの記録が**イベント**です。問題が発生した際のトリガーとなった事項は何かといった分析に利用できます。

メトリクス

　CPUやメモリ、ディスクなどのサーバーの使用率であったり、秒間あたりのリクエスト数であったりと、一定の時間内の合計や平均などを集計したデータが**メトリクス**です。時間あたりに何件や何％といった数値で計測できるものと考えるとよいでしょう。

　イベントは個々のリクエストやアクションの記録のためデータ量が多くなりますが、メトリクスは集計後のデータなので、イベントよりもデータ量を削減できるメリットがあります。また、ある特定の時間帯にリクエストが集中していないかといった利用状況や傾向を把握しやすくなります。

ログ

　アプリケーションやプラットフォームが出力する、エラーや警告などのテキストメッセージが**ログ**です。プログラムのどの行でエラーが発生したか、そのときのエラーの種類は何かといった詳細の状況を出力できるため、トラブルシューティングの助けとなります。

トレース

　複数のサービスにまたがってリクエストが処理される際に、どの順番でサービスが呼び出されて、それぞれのサービスの処理ではどのような状況であったかをつなげて理解するための仕組みが**トレース**です。複雑に連携するサービスの中で、問題となっている箇所を特定する助けとなります。

　これらのテレメトリーデータをすべて記録するメトリクスの集計間隔には注意が必要です。集計間隔を「1秒ごと」など詳細にしすぎると、あっという間に収集するテレメトリーデータの量は膨大な量となってしまい、テレメトリーデータを保管するデー

タベースやストレージがパンクすることとなります。また、データ量が多いため、可視化や参照したい箇所の特定にも時間がかかります。そのため、収集するテレメトリーデータを絞ったり、集計の間隔を長くしたりしてデータ量を削減する必要があります。

　一方で、データ量を削減しすぎると、いざ問題が発生したり、改善を計画したりする際に、必要なデータがないということになります。いかにデータ量を減らしつつ、問題判別や改善計画にも活用できるかといったチューニングは、エンジニアの腕の見せどころですね。

マイクロサービスの開発と運用

本章では、マイクロサービスに基づいてクラウドネイティブアプリケーションを開発し、運用する上で役立つ手法やツールについて解説します。本題に入る前に、アプリケーション開発と運用の観点から、マイクロサービス適用のメリットと課題を確認しておきましょう。

7.1 ‖ マイクロサービスの開発と運用

7.1.1 マイクロサービスの開発と運用のメリットと考慮点

第2章で触れたように、マイクロサービスは大規模で複雑なシステム開発／運用に向いています。マイクロサービスの適用システムを成功に導くためには、マイクロサービスが大規模／複雑なシステムに適している理由を理解しておくことが重要です。そこで、大規模／複雑なシステムで遭遇する典型的な課題点と、マイクロサービス適用によるメリットを解説します。

大規模な分散システムにおける課題

一般的に大規模で複雑な分散システムを開発すると、以下の点が問題になってきます（図7.1）。

①コード解析ツールはあるものの、オブジェクト間での依存関係の把握が難しくなり、サービスおよびシステムの全体像の把握が難しくなります。

②新しい機能を追加したり、変更が必要になったりしたときなど、リリースをするときにバグが見つかると、その修正を待つまでに全体のリリースを止めなければなりません。また、その修正による依存関係を厳しくチェックする必要があり、開発時にオーバーヘッドが発生します。

③上記の理由から、開発者が自信を持ってデプロイできずに、多くの関係者のフラストレーションがたまります。依存関係が大きいことから、開発チーム間のコミュニケーションなどソフトな面でも、問題となります。

④大規模になればなるほど、全体ビルドや結合に大きな時間がかかります。

⑤大きな時間がかかってできたアーティファクト（成果物）は、大きなフットプリントとなり、それが原因となってポータビリティを損なう場合もあります。

これは、コンテナにする場合にコンテナのメリットであるポータビリティに影響を与える可能性もあります。また、PaaSのサービスによっては大きなアーティファクトは受け入れられない場合があり、仮想マシンでの実装を余儀なくされるなど、サービスの選択肢が減ることになります。

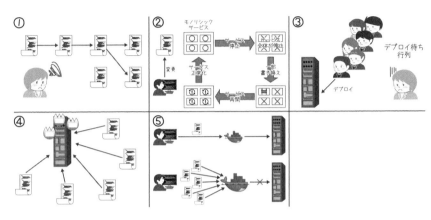

図7.1　大規模な分散システムにおける課題

大規模な分散システムを
マイクロサービスで構成する場合の優位点

大規模で複雑な分散システムをマイクロサービスとして開発すると、以下のようなメリットを享受できます（図7.2）。

①マイクロサービスのアプローチでは、サービスごとに個別にデプロイするため、バグ修正や機能リリースがしやすくなります。

②DDD（ドメイン駆動開発）設計を用いることで、責任境界としてのバウンダリコンテキストやサービス間での依存関係を明示的に分けることができます。

③それぞれのサービスがコンパクトになることで、構築、テスト、デプロイまで少人数で開発しやすくなります。

④それぞれのサービスで担当した責任が果たせれば自由に開発し、デプロイを進めることができます。この自由というのは、テクノロジースタック全般にいえます。たとえば、チームのスキルレベルや言語、フレームワークの習熟度に応じた開発が可能です。また、機械学習のモデル実行APIをPythonで書き、その他の部分をGoやJavaで記述するなども考えられます。つまり、サービスに最

7

適なテクノロジーの選択ができます。

⑤サーキットブレーカーやバルクヘッドなどを実装しておけば、たとえ障害が発生しても、ユーザーが被る障害の影響を最小化することができます。疎結合であることに加えて、障害を前提とした設計を適用することは、マイクロサービスを実践する上で重要です。

⑥自分が担当したサービスが他者の担当したサービスに与える影響を小さくすることができます。これも疎結合であることの利点です。たとえば、リリースした自分のサービスがサービス全体に悪影響を与えているのであれば、切り戻しを即座に実施することができます。

⑦上記を理由に開発者は自信を持ってデプロイできますし、コンパクトであることから、切り戻しもスムーズに行えます。

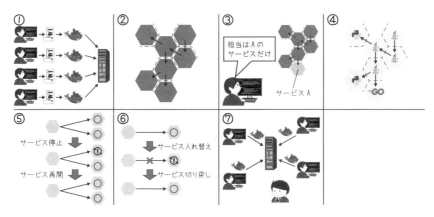

図7.2　大規模な分散システムをマイクロサービスで構成する場合の優意点

大規模な分散システムを
マイクロサービスで構成する場合の注意点

　大規模で複雑な分散システムをマイクロサービスで構成する場合には、次に挙げるような注意点もあります（図7.3）。

①各マイクロサービス自体は単純であるものの、システム全体として動的なパーツが増えるため、全体を把握することが難しくなります。

②サービスが分かれるため、サービス間通信の実装が必要となります。また、サービス間通信が増えることで、ネットワークの輻輳と待機時間を考慮しなけれ

ばなりません。

③他のサービスに依存するマイクロサービスを作成する場合、モノリシックなもの、階層化アーキテクチャで考慮すべきこととは、異なるアプローチが求められます。たとえば、サービスをまたがる依存関係を定義し、リファクタリングすることは難しくなります。特に、サービスの改修が早くなった場合、同一の独自関数、ライブラリを使っているケースでサービス間の依存関係（独自関数、ライブラリのバージョンなど）を保つことは困難になります。

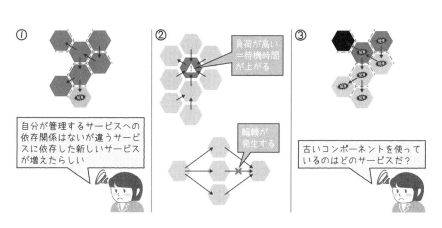

図7.3　大規模な分散システムをマイクロサービスで構成する場合の注意点

7.2 ‖ マイクロサービスの開発と運用に必要なプラクティス

7.2.1　DevOps

　今やDevOpsは、様々なメディアにおいて、多様な文脈で目にする言葉です。**DevOps**とは、Development（開発）とOperations（運用）を掛け合わせた言葉で、図7.4のようにDev担当、Ops担当、そしてマーケティングや営業部門などのビジネス担当が、継続的インテグレーションと継続的デプロイメント、さらにフィードバックを繰り返し、コラボレーションをしながら、サービスや製品の質を高めていく方法論

です。

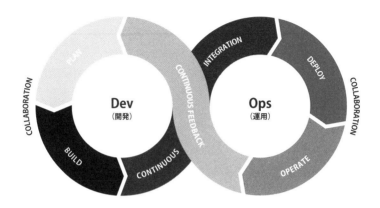

図7.4　DevOps

　DevOpsについて最初に言及したのは、「10+ Deploys Per Day: Dev and Ops Cooperation at Flickr」という発表だとされています。当時は、1日に10回デプロイすることや、それをどのように実現しているのかにフォーカスがあたっていましたが、その後この本質はDev担当とOps担当のコラボレーションであるという形で広がってきました。この発表があった2009年以降、DevOpsを成功に導くためのベストプラクティスが蓄積されてきました。2009年当時は、オンプレミスデータセンターに設置されたサーバーハードウェアがインフラストラクチャの主要な選択肢でしたが、今やクラウドが有力なITインフラストラクチャとして進化、成長してきました。クラウドサービスで提供されているAPIを使った構築、運用、監視が当たり前になりつつあります。

　単純に、DevOpsというと、開発や運用についての事例、ツールや手法を話題にしがちですが、実は最も効果的にDevOpsを実践するためには、組織やチームごとに熟成されたカルチャーが必要だといわれています。カルチャーの醸造については、Objectives and Key Results（OKR：目標と主要な成果）、Key Performance Indicator（KPI：重要業績評価指標）、Key Goal Indicator（KGI：重要目標達成指標）などを定めて、さらにそれに従ったチームの目的、個人目標を定めて開発チームと運用チーム、もしくは製品チームがタッグを組んでサービスやプロダクトの品質を高めていき、成功体験を重ねることが重要です。特に、マイクロサービスのメリットとして、リリースサイクルの高速化が挙げられますが、運用チームから得たフィードバックやメトリクス、課題に対して、また、製品チームからの機能追加提案に対して、柔軟性

を持って対応できる点が挙げられます。

　DevOpsについて多くの事例や、実践のための手法が出てきていますが、必ずしもそれらが汎用的で万能なソリューションというわけではありません。それぞれの組織のカルチャーやビジネスのスピード感、DevOpsの理解、ツールを含む技術の習熟度にあわせた形でカスタマイズしていくことをおすすめします。たとえば、トップダウンでカルチャーや意識改革から始めてもよいですし、ボトムアップのアプローチとして、開発プロセス改善のためにツールを使い始めることから始めるケースもあるでしょう。大事なことは、DevOpsで実現したいことを見失わないことです。

7.2.2　継続的インテグレーション／継続的デリバリー（CI/CD）

　DevOpsの文脈で継続的インテグレーション（Continuous Integration）と継続的デリバリー（Continuous Delivery）という用語もよく出てくるので、あわせて覚えておくとよいでしょう。両方をあわせてCI/CDと呼びます（図7.5）。

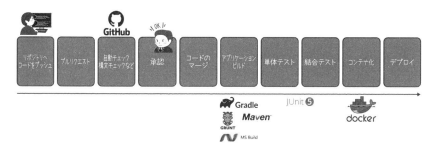

図7.5　CI/CD

継続的インテグレーション（CI）

　継続的インテグレーションとは、開発チームもしくは運用チームのメンバーがバージョン管理ツール（たとえばGitリポジトリ）にソースコードをコミットするたびに、ビルドとテストを自動化するプロセスです。コードをコミットすると、自動的にビルド処理が走ります。ビルドとユニットテストの完了後、リポジトリ管理者による承認を経て、個人でコミットしたソースコードが、全体のソースコードにマージされます。このような自動化された統合プロセスのことを、**パイプライン**または**CI/CDパイプライン**と呼びます[※1]。パイプライン処理を実現するためのツールとしてオープン

※1　最近、海外ではCIを用語から除き、「CD Pipeline」と呼ぶこともあります。

ソースソフトウェアのJenkinsをはじめ、各クラウドベンダーやソフトウェアベンダーから様々なソリューションが提供されています。用途に応じて使い分けるとよいでしょう。

継続的デリバリー（CD）

継続的デリバリーは、継続的インテグレーションの後工程の自動化にフォーカスしたプラクティスです。具体的には、継続的インテグレーションによるビルドの後に、アーティファクトをデプロイする環境を構成し、テストし、実際の環境に適用するというサイクルを繰り返し行うプロセスのことを**継続的デリバリー**と呼びます[※2]。ここでいうテストとは、結合テストやEnd to End（E2E）テストなどです。また、最近では、ユーザーインターフェースとユーザー体験（User Interface/User eXperience：UI/UX）の観点から正しい挙動をするのか確認するためのテストもあわせて継続的デリバリーに導入したり、ABテストのためのリリースパイプラインを用意したりという、プラクティスも存在します。

大規模システムであり複数のサービスをデプロイし管理するというマイクロサービスの特性からCI/CD抜きにして話を進めることはありえません。すなわち、自分のチームにおいて、どのようなツールを効果的に導入するのかも考えなければなりません。

7.2.3 GitOps

マイクロサービスを適用すると、システムは多数のサービスから構成される可能性があります。このとき、各サービスを手動でデプロイすることは非効率であり、手動作業であるがゆえに、ミスが入り込む可能性も高くなります。サービスのデプロイにあたっては、CI/CDのような自動化を促す手法を利用するのが、現実的な対応でしょう。コンテナ化されたサービスのデプロイを効率化するためのCI/CDの派生的手法が、GitOpsです（図7.6）。

GitOpsは、リポジトリであるGitを中心にすえて、アプリケーションの開発に加え、デプロイを含むオペレーション作業を自動化する手法です。Git上のコードベースで、アプリケーションのソースコードだけでなく、インフラストラクチャやミドルウェアの構成情報も管理し、それぞれのコミットと承認をトリガーとして、ビルドやデプロイを行います。Gitによるバージョン管理に加え、リリース時のインフラストラクチャ、ミドルウェア、アプリケーションの状態も管理できるので、何かあった場合に差分を分析したり、切り戻しが楽になります。

※2　最近、海外では継続的デリバリーは継続的インテグレーションを包含した、設計／開発からテスト／リリースに至るEnd to Endの包括的なプラクティスと解釈されることもあります。

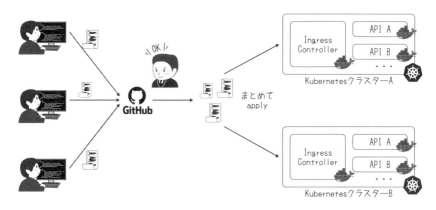

図7.6　GitOpsのイメージ

7.2.4　Infrastructure as Code/Immutable Infrastructure

Infrastructure as Code（IaC）

　Infrastructure as Code（IaC）とは、仮想サーバーやネットワークなどのインフラ
ストラクチャ構成情報をコードとして管理する考え方です。言い換えればインフラス
トラクチャの構成情報が、アプリケーションプログラムと同様にコードとして扱わ
れ、バージョン管理可能なリポジトリでコードベースとして管理されること、それが
IaCのエッセンスです。IaCによって、コードベース化された構成情報を基に、いつで
も最適化されたインフラストラクチャを構築することが可能となります。

Immutable Infrastructure

　Immutable Infrastructureは、IaCとともに実践される考え方です。Immutable
Infrastructureでは、原則として次に挙げるポリシーに基づいてインフラストラクチ
ャを管理します。

①**一度構築したインフラストラクチャには、手を加えず、変更しない。**
②**パッチの適用やパラメータの変更が必要な場合には、それらの変更を適用済み**

の新たなインフラストラクチャをデプロイする。

Immutable Infrastructureを日本語に訳すと「不変のインフラストラクチャ」であり、上記①のポリシーに由来するネーミングです。IaCによりインフラストラクチャのコードベース化が実践されていれば、CI/CD、GitOpsなどの手法によって、上記②のポリシーが実践できます。

IaCとImmutable Infrastructureは、インフラストラクチャ管理の自動化／効率化、そして品質改善において効果があります。インフラストラクチャ構成のコードベース化により、インフラストラクチャ構成の標準化と構築の自動化が図られます。現行システムのコピーを、他の環境に素早く、正確に構築可能です。

また、変更をコードベースに適用することにより、インフラストラクチャを構成する（サーバーやネットワークの）インスタンス固有の不具合を最小化します。インフラストラクチャの構成情報はすべてコードベース化されて、Gitのようなリポジトリ上で存在しているので、各インスタンス固有のパラメータ設定ミスの機会を最小化できるはずです。

7.3 マイクロサービス開発に必要な環境

7.3.1 コンテナの実行環境

コンテナは、マイクロサービス開発に必須というわけではありません。しかしながら、コンテナを用いれば手っ取り早く様々なOSやミドルウェア環境を準備できますし、今後Kubernetesとともにクラウドネイティブな稼働環境として採用されることが増えるため、開発環境としてコンテナの実行環境を準備しておいたほうがよいでしょう。

個人でコンテナやマイクロサービスの実行環境が欲しい場合、Docker社が提供しているDocker Desktop for Windows/Macを採用するとよいでしょう（図7.7）。

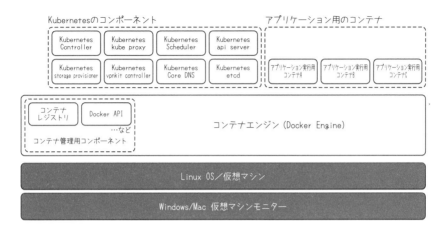

図7.7　コンテナ環境

　Docker Desktopでは、Dockerによるコンテナ実行環境だけでなく、Kubernetesの
実行環境も手に入ります。Windows、Macともに環境にあった仮想マシン環境にそ
れらのツール群がインストールされるので便利です。環境が壊れてしまったときでも
簡単にリストアできます。

　また、Windowsユーザーの場合は、Windows Subsystem for Linux（通称WSL）と
の連携も進んでいるため、Windows環境であってもWindows上で実行されるLinux環
境からコンテナの操作ができます。macOSの場合はUnixのコマンドラインシェルを
使えるので気にする必要はありませんが、Windowsユーザーの方はWSLとセットで
使うことをおすすめします。

7.3.2　統合開発環境、エディター、ツール

　マイクロサービスだからといって、統合開発環境（Integrated Development
Environment：IDE）やエディターにこだわる必要はありません。使い慣れた、好み
の統合開発環境やエディターでよいでしょう。あえて付け加えるならば、リモートで
コンテナに接続し、リモートデバッグやリアルタイムでコードレビューができるよう
な統合開発環境があると、物理的に離れた開発者との開発をスムーズに行うことがで
きます（図7.8、図7.9）。

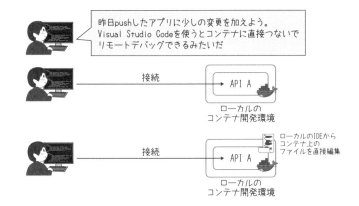

図7.8　IDEのリモート機能を使ったデバッグ①

図7.9　IDEのリモート機能を使ったデバッグ②

　開発で必要となるツールは、利用するクラウドサービスやインフラストラクチャに依存して変わります。総じて、次に挙げるツールが必要になります。自身の環境にあわせて、読み替えてください。

○コンテナ稼働環境
○コンテナオーケストレーション稼働環境
○ソースコードリポジトリのユーザーインターフェース（CLI、UI）
○クラウドプラットフォームのユーザーインターフェース（CLI）
○Webブラウザ

7.3.3 チーム開発の準備

チーム開発に先立って、最低限、以下の環境を準備しておいたほうがよいでしょう。

チームメンバーとのコミュニケーションツール

リモートワーク環境が普及し、働き方を選択できるようになり、エンジニアの働き方も多様かつ柔軟になっています。しかし、チームとしてのコミュニケーションや意識共有ができていないと、認識の齟齬によりサービス開発を思ったように進めることができません。コミュニケーションツールも様々なものがリリースされていますが、次節で紹介するCI/CDツールと連携できるものがよいでしょう（図7.10）。

たとえば、人と人とのコミュニケーションだけでなく、「ビルドやテストが通ったものを通知する」「サービスのアラートを通知する」などができれば、コミュニケーションツールを見ればリアルタイムで起きていることがわかりやすくなります。何かアクションを起こすきっかけを得るツールとしてふさわしいでしょう。

一方で、統計情報を見る、集計する、モニタリングなどの状況を統合させると見づらくなってしまうため、これらについては別のモニタリングツールを使うのがよいでしょう。

図7.10　コミュニケーションツール

開発タスク管理、バックログ管理、バグ管理、カンバンボードなどの開発状況管理ツール

　特にアジャイル開発では、各機能ごとに、誰がアサインされていて、どの人がレビューをしたか、どういった経緯で本番のリリースに至ったか、そのコードが本番環境に載っているかなどを可視化しておき、どのチームメンバーでも確認できる透明性の高い開発をすべきです（図7.11）。

　また、製品改善要望やバグの報告を受けてバックログに載せたり、バグ管理もしておくべきで、優先度も含め見える形にしておくべきです。カンバンボードもあると、どのタスクがどのチームメンバーに割り当てられていて実装がどこまで進んでいるかが一目でわかるためおすすめです。

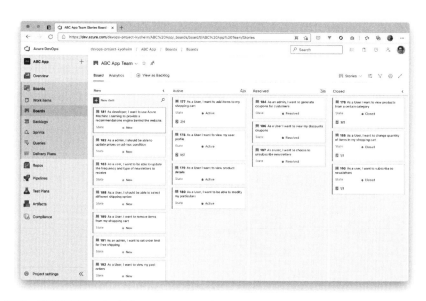

図7.11　開発状況管理ツールの例（Azure DevOps Board）

分散ソースコードリポジトリと周辺機能

　マイクロサービスのレビュー、テスト、デプロイを円滑に行う準備が必要です。各開発者が開発したソースコードを個人のブランチにプッシュし、プルリクエスト＋テスト＋レビューのプロセスに載せるための機能や、レビュー時のディスカッションを残すための機能が必要です。

開発環境、ステージング環境、本番環境

用途にあわせてアプリケーションをデプロイする環境を用意しておきましょう。一般的には、開発環境、ステージング環境、本番環境の3つを準備することが多いようです（図7.12）。

正確に素早く各環境を構築するためにImmutable Infrastructureを実践します。より多くの環境を準備するケースもありますが、コストとのバランスを考えて判断します。

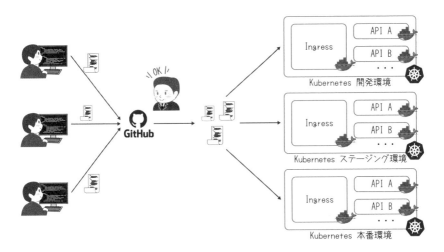

図7.12　開発環境、ステージング環境、本番環境

7.3.4　ソースコードと構成ファイルの管理

クラウドネイティブな開発において、リポジトリ内で管理する主なソースコードとスクリプトおよびその役割をまとめると、次の通りです（図7.13）。

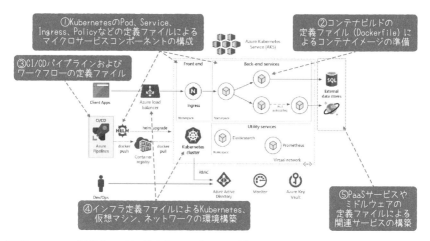

図7.13 ソースコードと構成ファイルの管理（Microsoft Azureの例）

①各マイクロサービスのソースコード

マイクロサービスを構成するためのそれぞれのソースコードです。フロントエンド（ユーザーインターフェース）、バックエンド（APIなど）のソースコードが含まれます。

②各マイクロサービスをビルドするためのコンテナ定義ファイルや
**　サービス展開用のファイル**

コンテナ定義ファイルの例は、Dockerfileであり、サービス展開用のファイルの例は、Helmチャートなどです。

③パイプラインおよびワークフロー用の定義ファイル

GitHub ActionやGitLabパイプライン、Spinnaker、Flux、Flaggerなどの定義ファイルです。

④サービス基盤、インフラ、ミドルウェアの定義ファイル

たとえば、OpenStack Heat、AWS Cloud formation、Azure ARM Templateの定義ファイル、AnsibleやChefの定義ファイルなど、サービス基盤、インフラ、ミドルウェアを定義し、いつでも同じものを作ることができる状態にするためのファイルです。

⑤サービス基盤、インフラ、ミドルウェアの構築スクリプト

④で示したツールで実現できないことを補完するスクリプトやWebサーバー、データベースサーバーの設定ファイルが含まれます。このファイルはDockerfileの中でも利用されます。

7.4 ‖ リリースマネージメント

　各開発者個別の開発環境、チーム開発環境の理解は、ご理解いただけたと思いますが、実際にソースコードをリポジトリにプッシュした後にリリースマネージメントをどのようにするか考えてみましょう。安全にかつ迅速にサービスをリリースするには、サービス全体の整合性を保ちながらリリースしていく必要があります。

7.4.1 ‖ リリースの基本的な流れ

　通常モノリシックなアプリケーションであれば、単体テスト後にビルドし、開発環境にデプロイ、統合テスト、テストが通ればステージング環境にデプロイ、性能テスト、本番環境にデプロイというように、シンプルなパイプラインで構成できました。

　一方で、マイクロサービスでは、リリース単位が小さくなり、コンポーネント間の結合強度が弱いので（疎結合）、各サービスが個別にいつでもデプロイ可能な状態となります。また、「どのようなツールがあり、それをどのように組み合わせればマイクロサービスをうまく管理できるのか」ということも、知識として持っておく必要があります。

　インフラストラクチャ構築が完了している場合、基本的には以下の流れでサービスをリリースします。

　　①開発対象リポジトリからのコードとコンテナイメージのプル
　　②ソースコードの追加、変更、コンテナを用いてのテスト
　　③開発対象リポジトリへのコードのプッシュ
　　④コードレビュー
　　⑤コードのマージ
　　⑥コンテナイメージの準備
　　⑦開発環境へのリリース
　　⑧テスト
　　⑨本番環境へのリリース

マイクロサービスに限らずソフトウェアの設計／開発から、インフラストラクチャの構築、アプリケーションのリリースまでの一連のプロセスを自動化していくためには、パイプラインを構築する必要があります。ビルドとリリースの流れの中で、人の手が介入するのは、コード編集、レビュー、承認程度に限定するのが、効率性の観点でおすすめです。

従来のパイプラインを使った例を図7.14に示します。小規模なアプリでの更新や状況変化による変化が少ない場合には、この方法を用いるのがよいですが、大規模なアプリなど変更が多い環境の場合には、その変更を追いかけるのが困難になるという課題があります。また、構成変更はアプリの更新だけではなく、監視で得られたメトリクスベースで変更する場合もあります。特にカナリアリリースではメトリクスをキャッチし、構成変更をするためにカスタマイズされたメトリクス分析エージェントを独自で作る必要があります。さらに、リリースに必要な統計情報などを可視化する機能が必要になることもあるでしょう。

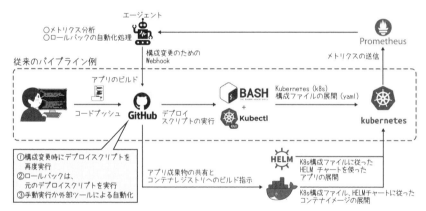

図7.14 従来のパイプラインを使った例

このようなパイプラインを実装するツールには様々なものがありますが、ここではその一端としてSpinnaker、Flux2/Flaggerを紹介します。

Spinnaker

Netflixが開発した継続的デリバリー（CD）のツール[※3]で、複数のクラウドサービスにマイクロサービスのデプロイメントを走らせることができます（図7.15）。デプ

※3 https://spinnaker.io/

ロイに対するパイプラインを組み上げることができ、ブルーグリーンデプロイメント、カナリアリリース、A/Bテストなどに対応しています。また、パイプライン内で承認プロセスも組み込むことができ、SlackやMicrosoft Teamsなどへのコミュニケーションツールへの通知も可能です。さらに、カナリアリリースのためのメトリクス分析に優れた点などの特徴を持ちます。

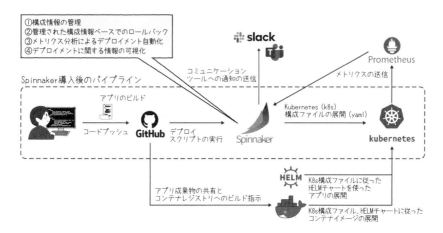

①構成情報の管理
②管理された構成情報ベースでのロールバック
③メトリクス分析によるデプロイメント自動化
④デプロイメントに関する情報の可視化

Spinnaker導入後のパイプライン

アプリのビルド

コードプッシュ

GitHub

デプロイ
スクリプトの実行

Spinnaker

コミュニケーション
ツールへの通知の送信

slack

Prometheus

メトリクスの送信

Kubernetes (k8s)
構成ファイルの展開 (yaml)

kubernetes

アプリ成果物の共有と
コンテナレジストリへのビルド指示

HELM

K8s構成ファイルに従った
HELMチャートを使った
アプリの展開

K8s構成ファイル、HELMチャートに従った
コンテナイメージの展開

図7.15　Spinnakerの導入例

Flux2/Flagger

Flux2[※4] とFlagger[※5] は、KubernetesのためのGitOps（継続的デリバリー）を実現するためのソリューションです（図7.16）。Kubernetes構成ファイルはYAMLを使って管理しますが、Flux2を使うとKubectlを叩く必要がなくなります。また、Kubectlに統合されたKustomize[※6] やHelm、GitHub、GitLab、コンテナイメージレジストリであるHarborなどとの連携も容易にできます。さらに、コミュニケーションツールに対しての状態変化（デプロイメントの開始／成功／失敗など）の通知や、コミュニケーションツールからのデプロイメントも可能です。

Spinnakerとの違いは、GitOpsを実現するためにコンセプトの中心をソースコードリポジトリ＋パイプライン（GitHub）に置いたところです。Kubernetesへのデプロイは、GitHub Actions[※7] で提供されるパイプラインを使います。一方Flaggerは、デプロイに特化したツールで、Istio、Linkerd、AWS App Mesh[※8] 、NGINX[※9] などのサービスメッシュツールと連携して、カナリアリリース、A/Bテスティング、ブルーグリーンデプロイメントなどのデプロイ戦略を実現します。

※4　https://fluxcd.io/
※5　https://flagger.app/
※6　https://kustomize.io/
※7　https://github.co.jp/features/actions
※8　https://aws.amazon.com/jp/app-mesh/
※9　https://www.nginx.co.jp/

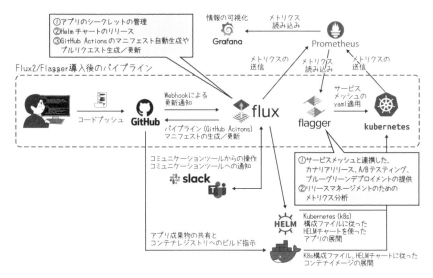

図7.16　Flux2/Flaggerの導入例

7.5 ‖ マイクロサービスの監視と運用

　マイクロサービスは、分散コンピューティングアーキテクチャの1つです。運用時には、各APIがどのように通信をしているか、どこがボトルネックになっているか、定義された通りに通信をしているかなど、障害が起こる前に知っておく必要があります。

　何かイベントが起きたときに、正しくトレースできる状態だと、ステージ環境ではリリース前のチェックができますし、本番環境では障害時に何が起きているかを的確に把握することができます。

　ビジネス的な観点からもユーザーの問い合わせが来る前に未然にどのサービスで何がボトルネックになっているかを知ることで、ユーザー体験の向上に寄与することができます。

　このような背景から、マイクロサービスを運用していく上で必要な監視と運用について押さえておく必要があります。本節では、その基本的な考え方と実装例を説明します。

7.5.1　監視と運用の体制、DevOps 組織と　サイトリライアビリティエンジニアリング

　何か障害があった場合、比較的規模の小さいシステムであれば、サーバー再起動で乗り切り、後日あらためて調査、分析、修正を加えるというステップを踏むこともあるかもしれませんが、大規模でビジネスの根幹を担う基幹システムとなるとそうはいきません。運用でカバーという選択をした場合、同じような障害対応が無限に増えます。また、不明瞭な作業分担や責任分界点、手動作業中心の運用、サイロ（孤立）化された組織がシステム運用のブロッカーになることも容易に想像がつきます。

　そのため、マイクロサービスとクラウドネイティブにあわせた監視の仕組みと、運用体制づくりが必要とされます。サイトリライアビリティエンジニアリング（Site Reliability Engineering：SRE）は、このようなニーズに応えるプラクティスです。

　サイトリライアビリティエンジニアリング（SRE） とは、Google社内のエンジニアが経験した大規模システムにおける成功プラクティスをまとめたもので、マイクロサービスの開発／運用においても有益と目されています。SREのエッセンスを体現する5つの基本原則は、次の通りです。

　　①組織のサイロ（孤立）を減らす
　　②失敗を許容する
　　③段階的な変更を実装する
　　④ツールと自動化を活用する
　　⑤すべてを計測可能、観測可能な状態にしておく

　これらの5つの基本原則をどのように実践するかが、マイクロサービス適用システムの運用の成否を担います。

　SREを運用局面で担うエンジニアは、サイトリライアビリティエンジニアと呼ばれます。サイトリライアビリティエンジニアは、SREの基本原則の下、DevとOps間の調整役、統計手法を用いた科学的でかつ現実的なService Level Objective（SLO：サービスレベル目標）の定義と設定、サービスの安定運用をミッションとしています。マイクロサービスの運用はもちろんのこと、リリースに対しての責任を負うこともあります。たとえば、デプロイメントスクリプトを書いたり、定義ファイルの変更もサービスの安定リリースを担ったりするために取り組むこともあります。組織の規模やサービスの規模にもよりますが、小さい組織／サービスだとDevかOpsもしくはDev

とOpsの担当者がそれらの責務を追うこともあります。

重要なのは、5つの基本原則に加えて、事前にService Level Agreement（SLA：サービス品質保証契約）やSLOについてステークホルダーと合意しておくことです。サイトリライアビリティエンジニアは、SLAやSLOの達成に向けて努力しますが、過剰な努力はしません。失敗を許容するという第二の原則として、「100%の可用性は現実的ではないため、現実的なSLOを定めてサービスを継続する」ことを目的にすることです。

7.5.2 可観測性（Observability）と モニタリング、ログ管理

マイクロサービス基盤を運用していくために、モニタリングは非常に重要なものです。

モノリシックなアプリケーションの場合は、「サーバーやコンテナが落ちれば、サービス全体が止まる」ため、問題の発生がわかりやすい傾向にあります。しかし、マイクロサービスの場合は、サービスの一部にバグが混在し、一部のサービスに不具合が生じたとしても、システム全体から見れば、少し遅いくらいで正常性には問題がないように見えることがあります。そのため、システム全体の監視に加えて、サービスごとに監視のメカニズムを用意し、単体のサービスの状態を知る必要があります。

SREの5つの原則の中で挙げた最後の項目「すべてを計測可能、観測可能な状態にしておく」とは、マイクロサービス適用システム全体とそれぞれのサービス、そしてサービス間の正常な状態を守るために可観測性を重要視する、ということです。この可観測性は、英語だとObservability（オブザーバビリティ）といいます。マイクロサービスとモニタリングの話をするときによく使われる用語なので覚えておきましょう。

以降では、具体的にどのようにオブザーバビリティ（可観測性）を実現し、サービスのモニタリングを実施すればよいかなどのテクニックを紹介します。

ゴールデンシグナル

従来の監視手法では、マイクロサービスの実行環境で何が起きているか不十分な側面があり、それを埋めるためのプラクティスやツールが開発されてきました。特にモニタリングの基礎情報となるログやメトリクス収集のためのSREのテクニックとして、「ゴールデンシグナル」が知られています。**ゴールデンシグナル**とは、分散システムにおけるモニタリングで重要な4つのシグナル（システムアラート）です。モニ

タリングするシグナルをある程度絞っておかないと「アラート地獄」となり、本当に大事なシグナルを見逃してしまうおそれがあります。そこで、次の4つのシグナルがモニタリングの優先度の高いゴールデンシグナルとされています。

① **レイテンシ**

サービスへのリクエストに対するレイテンシを計測します。

② **トラフィック**

秒ごとのHTTPリクエスト、セッション、トランザクションの数を計測します。

③ **エラー**

リクエストに対するエラーの頻度を計測します。

④ **サチュレーション**

リソースが消費されパフォーマンス限界（100%）までの到達度がどのくらいであるかを計測します。

たとえば、コンテナ基盤上でマイクロサービス適用システムを運用する際には、上記4つのシグナルを、インフラストラクチャ、Kubernetes、コンテナ、ミドルウェア、アプリケーション（サービス）から収集するのがベストプラクティスとなります。

ログとメトリクス収集のアーキテクチャ

では、どのような形でログやメトリクスを収集するのがよいでしょうか？

仮にクラウドでマイクロサービスを適用したシステムを運用する場合、ハードウェアを除く、環境のすべてのログを収集し、何が起きているかを即座に判断する必要があります。たとえば、Kubernetesを例に挙げると、

○ **インフラストラクチャ関連：仮想マシン（CPU、メモリ、ディスク）、ネットワーク**
○ **Kubernetesのコンポーネント：コントロールプレーン（kube-apiserver、etcd、kube-scheduler、kube-controller-manager、cloud-controller-manager）**
○ **ノード（kube-let、kube-proxy）**

の監視が必要になります。それぞれのクラウドサービスには、ログとメトリクス収集、解析のサービスがあるので、仮想マシンやKubernetesにアドオンとしてインストールされたエージェント経由でログを出力することが多いでしょう。もちろん、別

にログ統合／分析基盤を持っている場合も同様に、仮想マシンやKubernetesのアドオン経由でログを出力することもできます。

また、Kubernetesでは、アプリケーションからのログやメトリクスについては、Pod内にログエージェントを入れて出力します。たとえば、単純な手法としてログを標準出力としてファイルに書き出す方法があります。それ以外にも、クラスターにPodとしてログエージェントを入れる、あるいはサービスメッシュ「Istio」のようにPod内にログエージェントを相乗りさせ、ログ統合／分析基盤にログやメトリクスを出力する方法などもあります。

ログやメトリクスの格納場所をKubernetesのワーカーノードの役割を持つ仮想マシンにするのはおすすめしません。クラウドサービスでは、SLAでサービスに対する保証があるにせよ、Kubernetesのワーカーノードで障害が発生する可能性が十分にあるからです。障害に備え、収集したログは、ログ基盤に置いたり、古くなって要らなくなったログは、オブジェクトストレージなどにアーカイブ用途で退避させたりすることを考えるべきでしょう。

ログとメトリクスの収集ツール

ログとメトリクスの収集や監視を行うツールは、数多く提供されています。OSSではELK（Elastic Search+LogStash+Kibana）あるいはEFK（Elastic Search+Fluentd+Kibana）というツールの組み合わせや、パブリッククラウドではAWS CloudWatch Logs、Azure LogAnalytics、GCP GKE Cloud Operations/Loggingなどのツールがログ収集で使われます。

また、メトリクスの収集については、OSSではSysdig、Prometheus、SaaSではDatadogやMetricFire、New Relicなどのツールがあります。さらに、パブリッククラウドでは、AWS CloudWatch Metrics、Azure Monitor、GCP GKE Cloud Operations/Monitoringがその役割を担います。収集できるログやメトリクスはそれぞれのツールで異なるため、運用時に必要なログやメトリクスが収集できるかどうかを事前に検討する必要があります。ここでは、ツールの一例としてSysdigとPrometheusを解説します。

Sysdig

Sysdig [※10] は、主にインフラストラクチャのメトリクスを収集します（図7.17）。収集対象のメトリクスの例としては、クラウドプラットフォームのメトリクス、ホストのシステムメトリクス、ネットワークメトリクス、HTTPメトリクス、Kubernetesのメトリクス等があります。その他、対応するアプリケーションやJMX（Java Management Extensions）[※11]、Prometheus、StatsD [※12] からのメトリクスにも対応

※10　https://sysdig.jp/
※11　https://docs.oracle.com/javase/jp/1.5.0/guide/jmx/
※12　https://docs.datadoghq.com/ja/integrations/statsd/

しています。また、PromQL（Prometheus Query Language）^[※13] を使うことで、Grafanaで可視化を行ったり、Sysdig Monitor ^[※14] でダッシュボードを作ったり、アラートを出したりすることができます。

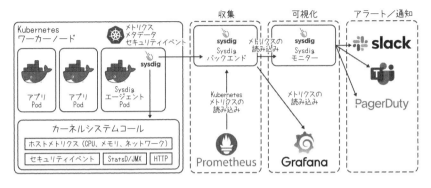

図7.17　Sysdigの導入例

Prometheus

Prometheusは、プル型のイベント監視ソリューションです。メトリクス収集は、プッシュゲートウェイかJobやエクスポーターを通じて行われます。プッシュゲートウェイは、比較的短命なJob（エンドポイントを有するサービスなど）のメトリクスを蓄積し、リトライバーによって収集されます（図7.18①）。エクスポーターは、データベース、ハードウェア、メッセージングサービス、ストレージ、HTTP、API、モニタリングシステム用に作られたものです。エクスポーター経由でそれぞれのサービスのメトリクスをリトライバーから収集します（図7.18②）。エクスポーターには、Prometheusが公式にサポートするもの、それ以外にもサードパーティがメンテナンスするものがあります。たとえば、公式のエクスポーターとして、MySQL、HAProxy^[※15]、JMX、memcachedなどがあります。必要なエクスポーターがなければ自作することも可能です。また、アラートマネージャ経由でSlackやPagerDuty^[※16]との連携もできますし（図7.18③）、時系列データベース^[※17] に記録されたメトリクスを外部のエンドポイントやストレージに出力することもできます（図7.18④）。さらに、Kubernetes上のコンテナで実行されるアプリケーションからもPrometheus用のクライアントライブラリ経由でメトリクスを送信することができます（図7.18⑤）。

※13　https://prometheus.io/docs/prometheus/latest/querying/basics/
※14　https://docs.sysdig.com/en/sysdig-monitor.html
※15　http://www.haproxy.org/
※16　https://ja.pagerduty.com/
※17　時系列データ（特定の時間ごとに取得したデータ）の保存／処理に特化したデータベース。

215

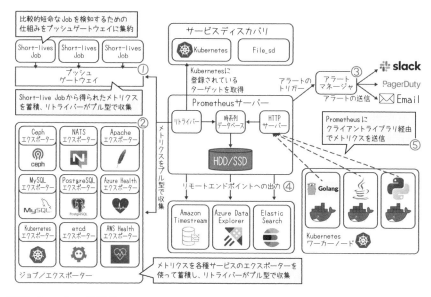

図7.18　Prometheusの導入例

ログとメトリクスの分析、可視化、アラート

　分析と可視化では、GrafanaなどのOSSのツール、クラウドサービスのログ分析を使用したり、メトリクス分析サービスでは、クエリを実行してグラフ化したり、クエリに対してしきい値を設けてアラートを出したりということが可能です。グラフ化したものについては、ダッシュボード化することで、基盤全体で何が起きているかをスムーズに把握することができます。Grafanaでは、先に挙げたSysdigとPrometheusのログをグラフで表現することができます。

ユーザー視点でのモニタリング

　ユーザー受け入れテスト（User Acceptance Test：UAT）を繰り返すことで、UI/UXに問題がないかをテストできますが、その前にSeleniumなどのE2Eテストツールを使うことで、システムの挙動としておかしくないかをテストできるようになりました。リリースのプロセスの中にそのようなシステムの挙動のテストを入れておくとよいですし、ユーザーからのメトリクス収集も積極的に入れておくべきです。たとえば、Backend for Frontendのパターンのようにブラウザやモバイルアプリケーションのバックエンドとしてマイクロサービスを提供しているケースでは、ユーザー視点でのフロントエンドのモニタリングも入れておくべきです。

クラウドデプロイメントモデルの
動向

2010年代、インフラストラクチャからアプリケーションまで幅広いスキルを備えた「フルスタックエンジニア」がITエンジニアの理想的なモデルとして共有され、若手エンジニアのゴールと目されました。日々発生する様々な課題をそつなくスピーディにこなしてゆく、複数の技術に精通した頼りになるエンジニア——文句のつけようのない理想的なロールモデルですが、そのような熟練の存在になるには、多くの経験とたゆまぬ努力、そしてそれなりに長い時間が必要です。

その一方で、クラウドを活用したシステム開発の現場では、否応なしにフルスタックエンジニア的な働きが求められるケースが増えてきています。DevOpsの実践においては、アプリケーション開発者の判断／操作で、素早く、柔軟にアプリケーション稼働プラットフォームがデプロイされ、その上にアプリケーションがセットアップされるのが理想的なプロセスです。すなわち、アプリケーション開発に責務を負っているソフトウェアエンジニアにも、多少なりともインフラストラクチャに関する経験と知見が必要とされるのです。

そこで、マイクロサービスにフォーカスした本書の締めくくりとして、マイクロサービスを適用したシステムの導入先となるクラウドプラットフォームの動向に言及します。

8.1 ‖ クラウドデプロイメントモデル

「クラウド」と聞くと多くの人がパブリッククラウドを想起するでしょう。また、プライベートクラウドが頭をよぎる人もいるかもしれません。パブリッククラウドとプライベートクラウドの違いは、クラウドサービスに対するアクセス可能性にあります[※1]。

パブリッククラウドとは、不特定多数の利用者に対してクラウドサービスを提供するクラウドデプロイメントモデル[※2]です。また、自社専用など単一の利用者のみが使用できるクラウドサービスを提供するクラウドデプロイメントモデルが**プライベートクラウド**です。さらに、**コミュニティクラウド**とは、特定の利用者のグループがクラウドサービスを共有するモデルです。

各クラウドデプロイメントモデルのデプロイ先は問いません。誤解しやすいところですが、オフプレミス[※3]のデータセンターにデプロイされたクラウドサービスであっても、そのサービスを利用できるのが単一の利用者に限られるのであれば、そのクラウドサービスはプライベートクラウドです。

※1 ISO/IEC 17788:2014 Information technology — Cloud computing — Overview and vocabulary
    https://www.iso.org/standard/60544.html
※2 クラウドデプロイメントモデルとは、コンピューティングリソースを誰とどのように共有するのかという定義のこと。
※3 自社内にハードウェア／システムを保有して運用する「オンプレミス」の対義語で、他社や遠隔地に設置されているハードウェア／システムをインターネット経由で運用すること。

8.1.1 利用形態の多様化

　さて、クラウドデプロイメントモデルは、パブリッククラウド、プライベートクラウド、コミュニティクラウドの三択に限定されるものではありません。複数のクラウドベンダーが提供するパブリッククラウドやプライベートクラウドなど複数の異なるデプロイメントモデルを組み合わせて利用する**ハイブリッドクラウド**や、複数のクラウドベンダーが提供するパブリッククラウドを同時に利用する**マルチクラウド**と呼ばれる形態もあります。

　クラウドの発展に従い、クラウドプラットフォームの利用形態は多様化し、ハイブリッドクラウド／マルチクラウドを取り入れる企業が増えています。本書の後半で解説する**分散クラウド**や**エッジコンピューティング**といったアーキテクチャも加わり、これまで主流だったパブリッククラウドによる単一のクラウドデプロイメントモデルから、大幅な転換を迎えようとしています。以降では、クラウドデプロイメントモデルの動向について解説していきます。

8.2 ｜ ハイブリッドクラウド

　ハイブリッドクラウドは、複数の異なるクラウドデプロイメントモデルを組み合わせて利用する形態を指します。たとえば、プライベートクラウド環境とパブリッククラウド環境をネットワーク接続し併用するケースは、ハイブリッドクラウドの典型的なモデルといえます。

　それぞれのクラウド環境を可能な限りシームレスに接続することで、ハイブリッドクラウドは企業に柔軟性をもたらします。ハイブリッドクラウドによる効果を引き出す代表的なパターンとして、オンプレミス環境にあるレガシーな資産やデータを、APIによってパブリッククラウド側に公開して活用するパターンがあります。あるいは、プライベートクラウドとパブリッククラウド間を専用線によって接続して、柔軟なシステムの配置／変更を行うようなパターンもあります。

　プライベートクラウドとパブリッククラウドなどの異なるデプロイメントモデル同士を連携させることで可用性や柔軟性が高くなる一方、高い結合度を求めれば求めるほど、より統一されたアーキテクチャが必要となります。企業のクラウド活用の成熟度、セキュリティ／コンプライアンス、業界特有の規制、コストを踏まえた上で、既存IT資産であるプライベートクラウドとパブリッククラウドの適切な組み合わせを判

8

クラウドデプロイメントモデルの動向

別することが重要です。

ハイブリッドクラウドの利用形態

　ここで、典型的なハイブリッドクラウドの利用形態を整理しておきましょう（図8.1）。

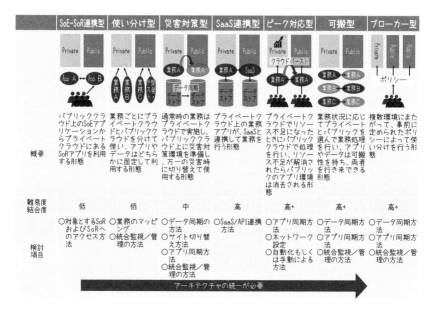

図8.1　ハイブリッドクラウドの利用形態

SoE-SoR連携型

　パブリッククラウド上のSoE（System of Engagement）アプリからプライベートクラウドにあるSoR（System of Record）アプリを利用する形態。この形態では、対象とするSoRおよびSoRへのアクセス方法が主な検討項目となります。

使い分け型

　業務ごとにプライベートクラウドとパブリッククラウドを分けて使い、アプリやデータはどちらかに固定して利用する形態。この形態では、業務のマッピング、統合監視管理の方法が主な検討項目となります。

災害対策型

　通常時の業務はプライベートクラウドで実施し、パブリッククラウド上に災害対策環境を準備し、万一の災害時に切り替えて使用する形態。この形態では、データ同期の方法、サイト切り替え方法、アプリ同期方法、統合監視管理の方法が主な検討項目となります。

SaaS連携型

　プライベートクラウド上の業務アプリが、SaaSと連携して業務を行う形態。この形態では、SaaSもしくはAPI連携方法が主な検討項目となります。

ピーク対応型

　プライベートクラウドでリソース不足になったときにパブリッククラウドで処理を行い、リソース不足が解消されたらパブリックのアプリ環境は消去される形態。この形態では、アプリ同期方法、ネットワーク設定、自動化もしくは手動による方法が主な検討項目となります。

可搬型

　業務状況に応じてプライベートとパブリックを選んで業務処理を行い、アプリやデータは可搬性を持ち、両者を行き来できる形態。この形態では、データ同期方法、アプリ同期方法、統合監視／管理の方法が主な検討項目となります。

ブローカー型

　複数環境にまたがって、事前に定められたポリシーによって使い分けを行う形態。この形態では、データ同期方法、アプリ同期方法、統合監視／管理の方法が主な検討項目となります。

8.3 マルチクラウド

　複数のクラウドベンダーから提供されるクラウドサービスを一時点で同時利用する形態を**マルチクラウド**と呼びます。近年、1つの企業が採用するパブリッククラウドは増加傾向にあります。

　マルチクラウドとハイブリッドクラウドは、その名称から似通った印象を与えます

が、マルチクラウドのハイブリッドクラウドとの違いは、パブリックやプライベートといった配備モデルではなく、**複数クラウドベンダーが提供するクラウドサービスの併用**に着目している点にあります（図8.2）。

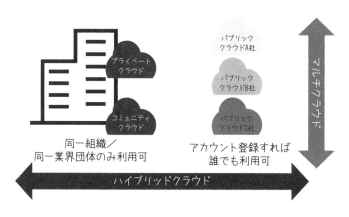

図8.2　ハイブリッドクラウドとマルチクラウド

8.3.1　マルチクラウドのメリット

　多くの企業でマルチクラウドが一般化している理由としては、クラウドファーストの浸透に伴い、クラウド化するシステムが拡大し、領域が多様化していることが挙げられます。企業における業務システムは、生産管理システム、販売管理システム、購買管理システム、在庫管理システム、人事給与システム、会計システムといった、いわゆる基幹システムから社内SNS、メール、グループウェア、データウェアハウス、スケジュール管理ツールといった情報系システムなど多岐にわたります。

　一方で、クラウドベンダー各社が提供するクラウドサービスも、力を入れている分野や、得意とする分野が異なります。同じクラウドでも基幹系に強いクラウド、情報系システムに強いクラウドがあり、設計思想、ネットワーク特性、提供しているミドルウェアやAPIなどクラウドベンダーやクラウドサービスごとに異なります。そのため、クラウドの使い手である企業は、対象となるシステムの特性や予算にあわせて適材適所でクラウドサービスを使い分けているのが現状です。

　マルチクラウドには、以下のようなメリットがあります。

メリット① ベストオブブリード（良いとこ取り）

　マルチクラウドの最大のメリットは、業務要件とシステム要件にあわせて、クラウドベンダー各社が提供するサービスの良いとこ取りができる点です。要件によって最適なものを選べるマルチクラウドであれば、自社にとって最適な環境を実現することができます。

　たとえば、IoTデータの収集は、大規模環境でのデータ収集／蓄積が得意なA社のクラウドサービスで行い、学習と分析はデータサイエンティストが使い慣れた高速で使い勝手のよいB社で行う、というように、1つの業務をフェーズによって分割する方法が考えられます。あるいは、社内標準のパッケージソフトウェアやミドルウェアがサポートされていない場合や、構築／運用を担当者のスキルセットに応じて、各クラウドベンダーのサービスを使い分けることができれば、柔軟な対応が可能になります。

メリット② リスクの分散

　「Don't put all your eggs in one basket（卵を全部1つのかごに入れるな[※4]）」という英語の格言がありますが、クラウド活用においても、1社のクラウドベンダーに依存しすぎるのは時としてリスクとなることがあります。マルチクラウドによるリスク分散により、ビジネスの可用性を飛躍的に高めることができます。

　たとえば、利用しているパブリッククラウドで広範囲に及ぶ大規模障害が発生し復旧に時間を要した場合、自社のサービス提供の停止あるいはサービスの利用制限という事態に陥ります。万が一、それがビジネスの根幹となるシステムであれば、多大なビジネス損失を被る可能性があります。マルチクラウドであれば、マルチクラウド下でBCP対策[※5]やDR対策[※6]を行うことで、有事の際のサービスのリカバリやデータのバックアップが可能となり、万が一の大規模障害のときでも影響を最小限にとどめることができます。

メリット③ ベンダーロックインの回避

　アプリケーションやデータのライフサイクルを考慮せず、特定のベンダーとそこで提供される独自機能と技術に依存しすぎたために、同種のサービス製品への乗り換えが困難になることを**ベンダーロックイン**と呼びます。

　ベンダーロックイン自体は悪いことばかりではありませんが、他ベンダーに切り替

8

クラウドデプロイメントモデルの動向

※4　「転ぶなどして卵を全部失う危険を避けるべし」というリスク分散の大切さを説いたもの。
※5　BCPはBusiness Continuity Planの略称で、災害など緊急事態における企業／団体の事業継続計画のこと。
※6　DRはDisaster Recovery（ディザスタリカバリ）の略称で、災害復旧のこと。

えるためのスイッチングコストを支払わなければ移行できない状態が問題となることから、1社のベンダーに依存しすぎるのは必ずしも合理的であるとはいえません。特にパブリッククラウドの場合は、クラウドベンダー側の都合で提供されるサービスが突然提供されなくなったり、価格改定によりコストが増大したりすることがあります。そのため、マルチクラウドにより、シングルクラウド（1つのクラウドサービス）へのロックインを回避することで、IT部門はガバナンスを効かせながら自社のシステムの柔軟性を保つことができます。

8.3.2 マルチクラウドの課題

　シングルクラウドに対して、「①ベストオブブリード（良いとこ取り）」「②リスクの分散」「③ベンダーロックインの回避」という点で有効性があるマルチクラウドですが、システムごとに異なるクラウドの導入／利用を進めるため、システムのサイロ化が助長されてクラウド全体の効率化や最適化に課題が生じることがあります。
　続いて、マルチクラウドの課題について対応策とともに解説していきます。

課題① マルチクラウドの管理運用の一貫性
　複数のパブリッククラウド環境を運用する場合、その管理や運用が異なるため冗長な運用スキルが必要になったり、開発展開手順が異なることで複数のガイドや保守体制が必要になったりします。多機能を有するマルチクラウドですが、複数のベンダーからサービスの提供を受けることで、管理が複雑化し運用コストが割高になるケースもあります。パブリッククラウドにより、インフラコスト自体が削減できたとしても、運用の二重投資により、コストが増大すると意味がありません。

　対応策として、複数のクラウド環境に対して一元的に管理運用を可能とするマルチクラウド対応の管理ツールやサービスを活用することが考えられます。

課題② セキュリティリスクの増大
　複数のクラウドベンダーが提供するクラウドサービスを併用するため、セキュリティ基準や対象が増加することでセキュリティ強度の脆弱性がリスクになる可能性があります。たとえば、利便性を図るために、複数のパブリッククラウドに対して共通のIDやパスワードを設定すればリスクは高まります。

　対応策としては、SaaSベンダーが提供しているマルチクラウド間におけるシング

ルサインオンや多要素認証の機能の利用などが考えられます。あるいは、複数のパブリッククラウドの利用によって高まるインターネット上の脅威からセキュリティを強化するには、マルチクラウドを一元的にモニタリングしてセキュリティ脅威を可視化する必要もあります。セキュリティ強化とシステムの利便性を同時に向上させるには、従来のセキュリティ対策とは異なるツールや管理体制を構築することが重要です。

課題③　クラウド間の移行（可搬性）

　マルチクラウドにおいて、システムの可搬性を担保することは重要です。たとえば、あるパブリッククラウド上で、一定規模のシステムを構築していたとします。ところが機能や価格改定など何らかの理由で、別のパブリッククラウド上でこのシステムを動かしたくなったら、それは可能でしょうか？　マルチクラウドではよく起こり得ることですが、利用するパブリッククラウドによって技術的な特性が異なるため、すぐに移行できるとは限りません。

　この課題の対策の1つとしては、オープンソースなど可能な限りベンダー固有のテクノロジーを排除して、どのクラウドでもサポートされるデファクトスタンダードなテクノロジーをベースとしてシステムを構築しておくことが考えられます。複数のクラウドで動くテクノロジーを採用することで、マルチクラウド間の可搬性は向上します。

　以上のように、適材適所な選択を行うべきであるマルチクラウドでは、ベンダーロックインのメリットと課題を踏まえた上で適切な運用設計やベンダー選定を行う必要があります。

8.4 コンテナとハイブリッド／マルチクラウド

　企業がハイブリッド／マルチクラウドのメリットを最大限に享受するために、相互接続性は必要不可欠です。ハイブリッド／マルチクラウドをまたいだワークロードの移動、環境の一元管理やプロセスのオーケストレーションは、相互接続性によって成り立ちます。相互接続性をいかにしてうまく担保するかが、ハイブリッド／マルチクラウドの機能性を左右します。ハイブリッド／マルチクラウド下において、それぞれ

の独自機能を使っていては、マルチクラウドにおける可搬性も管理一元化も実現できません。

　そこで、主要なクラウドベンダーが集まって最適なクラウド環境をガイドしている、クラウドネイティブコンピューティングファンデーション（CNCF）では、マルチクラウドでも最適な環境を、オープンソースを活用してオープンに実現することを提案しています。オープンなテクノロジーをベースとしたマルチクラウドを採用することで、アプリケーションを複数のクラウド環境に分散させ、複数のクラウドベンダーを利用することができます。

　オープンな仮想化技術であるコンテナや動的オーケストレーションのためのオープンソースであるKubernetesなど、アプリケーション実行基盤において、オープンソースをベースとしたコンテナ環境にすることで、クラウド間を共通化することができます。多くのクラウドでサポートされているオープンな基盤の上に自社のシステムを構築することで、ハイブリッド／マルチクラウド下でもアプリケーションの可搬性を高めることができます。

　Kubernetesを基盤としたハイブリッド／マルチクラウドでは、従来のようにワークロードをクラウド間で移動するためのマイグレーションツールや複雑なAPIによる連携は必須ではありません。ハイブリッド／マルチクラウド間をまたがったIT環境として、統一されたクラウドネイティブ基盤を採用することで、一貫性を持った開発／運用ポリシーの下、クラウドネイティブアプリケーションを開発／デプロイすることができます。

　Kubernetesによってハイブリッド／マルチクラウドにおけるプラットフォームによる違いを抽象化することで、企業は相互接続された一貫性のあるコンピューティング環境を実現できます。アプリケーション更新やパブリッククラウドの仕様変更のたびに発生する煩雑な維持管理作業をせずに、アプリケーションをハイブリッド／マルチクラウド間で移動することができます。

　相互接続性により、開発チームと運用チームは連携してDevOpsにフォーカスすることができます。相互接続性の高いハイブリッド／マルチクラウドを用いれば、企業はこれまでに投資してきたIT資産から最大限の価値を引き出しながら、アプリケーションやサービスの開発を迅速に繰り返すことが可能となり、クラウド活用の本来の目的である顧客や市場の変化にあわせた提供価値の改善を続けることができます（図8.3）。

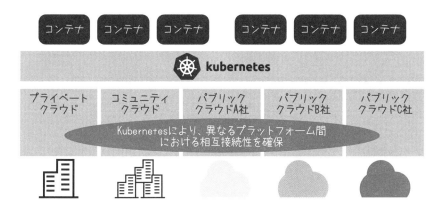

図8.3　Kubernetesによる相互接続性の実現

　一方で、Kubernetesを採用したとしても、ハイブリッド／マルチクラウドの運用管理の統合には課題があります。各クラウドベンダーは、独自のサービスや機能を追加して、ベンダー固有のKubernetesのマネージドサービスを提供しています。クラウドベンダーを問わずKubernetesの中核となる機能は利用できるでしょうが、各ベンダーのサービスごとに周辺機能のカバレッジや操作感は異なります。そのため、複数のクラウドベンダーでKubernetesクラスターを作ろうとすると、環境、操作感、データセンター、運用チームのスキルセットという観点で差異が生じます。

　たとえば、A社のマネージドKubernetesサービスでは最新バージョンのKubernetesが使用されており、他のクラウドでは最新バージョンをサポートしていない場合にバージョンの差異に起因する不整合が発生し、その後の実運用で課題になる可能性があります。各社が提供しているマルチクラウド管理ソリューションの中には、こういった問題に対処するために単一のコントロールプレーンが提供されていますが、実際はKubernetesクラスターの運用を制御することはできても、クラスターが稼働しているクラウドベンダー固有の運用を完全に管理することは困難です。

　アクセス権の変更やセキュリティの制約といったタスクを実行する際には、各クラウドベンダーが提供する固有の管理コンソールに移動する必要があります。これに対して、「分散クラウド」というアーキテクチャでは、ハイブリッド／マルチクラウドを継続的に利用したり、リソースにアクセスしたりすることができます。分散クラウドでは、1つのパブリッククラウド上の単一のコントロールプレーンから、ハイブリッド／マルチクラウドを管理することができます。

8.5 ‖ 分散クラウド

8.5.1 分散クラウドの定義

クラウドの新潮流として**分散クラウド**が注目されています。米調査会社ガートナーは、分散クラウドについて以下のように定義しています。

> 分散クラウドとは、パブリッククラウドサービスを様々な物理的な場所に分散させ、パブリッククラウドプロバイダがサービスのオペレーション、ガバナンス、進化に対する責任を引き続き負うというものです。分散クラウドは、低遅延とデータコスト削減のニーズと、データレジデンシの要件を抱える組織のシナリオに対して、俊敏な環境を提供します。また、データとビジネス活動が発生する物理的な場所の近くにクラウドコンピューティングリソースを配置するという顧客のニーズにも対応します。2025年までに、クラウドサービスプラットフォームの大部分は、ニーズ発生地点で実行される少なくとも何らかの分散クラウドサービスを提供するようになるでしょう。

出典：ガートナー、2021年の戦略的テクノロジのトップ・トレンドを発表 (2020/11/12)
https://www.gartner.co.jp/ja/newsroom/press-releases/pr-20201112

　エンタープライズの領域では、依然としてセキュリティとコンプライアンスの観点で、自社システムをパブリッククラウドに移行することをためらう企業が多くいます。一方で、パブリッククラウドの利便性やメリットは享受したいというニーズがあります。分散クラウドによって、企業はパブリッククラウドのサブセットを自社のオンプレミスのデータセンターに配信することによって、機密性の高いデータをパブリッククラウドに置かずに、自社環境に維持しながらパブリッククラウドの機能を実行することができます。分散クラウドの運用、ガバナンス、更新、サービスの進化はクラウドベンダーに委ねることができます。

　分散クラウドは、このアーキテクチャにより、従来からのパブリッククラウド一元化モデルにおける、アプリケーションのパブリッククラウドに移行する際の規制の問題や、パブリッククラウドの管理や制御の問題を解決することができます。分散クラウドは、エッジコンピューティングなどの最新の技術的トレンドを包含した、新たなクラウドデプロイメントモデルのビジョンといえるでしょう。

8.5.2 分散クラウドのアーキテクチャ

　分散クラウドの良いところは、パブリッククラウドが提供するメリットを企業の定める環境で享受できることです。

　たとえば、規制の厳しい金融業界で、アプリケーションをパブリッククラウドに移行したいと検討したとしても、多くの金融機関には、データやワークロードを自国内に配置することを義務付ける規約があります。主要なクラウドベンダーは、クラウドの実行環境として全世界に（複数のデータセンターから構成される）アベイラビリティゾーンを伴うリージョンを展開しています。クラウドデータセンターの高可用性を担保するためにアベイラビリティゾーンはぜひ欲しいファシリティです。そのため、万一、意中のクラウドベンダーの自国内リージョンにアベイラビリティゾーンがなければ、クラウド移行に二の足を踏むことになるでしょう。

　しかしながら、分散クラウドのコンセプトを活かせば、パブリッククラウドのサブセットを、自国内にあるデータセンター、コロケーション、あるいはサードパーティのパブリッククラウドでも運用することができます。**パブリッククラウドサービスを様々な物理的な場所に分散して管理できる**ことが、分散クラウドのメリットといえます。

　分散クラウドを提供するクラウドベンダーは、通常のパブリッククラウドと同様にガバナンス、アップデート、ライフサイクル管理、セキュリティ、信頼性、エンジニアリングといった主要プロセスを完全に管理する責任があります。分散クラウドでは、クラウドベンダーが分散クラウドとして提供するパブリッククラウドのサブセットを最新の状況に保つために、すべてのパッチ、アップグレード、インストール、削除を実施し、互換性の問題にも対応します。このため、あるサービスのあるバージョンを使用する際に、別のサービスの別のバージョンともうまく機能します。

　クラウドベンダーは、企業が管理しているインフラストラクチャ内で、パブリッククラウドのサブセットをミニパブリッククラウドリージョンとしてクラウドを運用することになります。分散クラウドを活用すれば、パブリッククラウドを自社環境にミニパブリッククラウドとして作成し、必要なパブリッククラウドサービスを実行できます。

　分散クラウドの定義上では、パブリッククラウドは、これらのサービスを構成し運用管理するためのエントリーポイントとなります。分散クラウドのロケーションを作成する場合、サービスとワークロードはオンプレミス環境など企業が指定したロケーションで実行されます。そのため、もしそのロケーションと分散クラウドのコントロ

ールペイン間の接続が切断されたとしても、サービスとワークロードは実行され続ける必要があります（図8.4）。

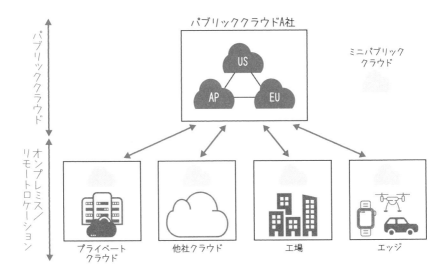

図8.4　分散クラウドの概念図

8.6 ‖ エッジコンピューティング

エッジコンピューティングとは、エンタープライズアプリケーションをIoTデバイスやエッジサーバーなどのデータソースの近くで実行する分散コンピューティングフレームワークです。

データの生成元に近接していることで、強力なビジネスメリットが生まれます。刻一刻と収集／蓄積されるエッジデータからより早く洞察を得て、応答時間を短縮し、帯域幅を節約することができます。近年、自動車から製造機器、ATM、採掘機器に至るまで、企業がビジネスを行うために使用するツールそのものに、インテリジェントなデバイスが取り込まれています。これらのデバイスのコンピューティング能力により、データが最初に生成される場所で分析を行い、アクションを実行することが可能です。

8.6.1 エッジコンピューティングが実現すること

エッジコンピューティングに関連する技術革新は、品質の向上、パフォーマンスの向上、より深く有意義なユーザーインタラクションの促進につながります。エッジコンピューティングは、以下のようなことを可能にします。

AIによる新たなビジネス課題の解決

最新のデバイスには、データ収集時の独自の分析機能が備わっています。コンピューティングリソースをデータの発生場所の近くに移動し、AIを活用することで、待ち時間の短縮とデータ伝送の削減によって新たなビジネス課題を解決します。

能力と回復力の向上

コンピューティングとデータ分析をエッジデバイスに移行することで、システム全体の分析能力が増加します。エッジデバイスは、コンテナテクノロジーをもともと実行できるため、企業の開発者のクラウドネイティブなプログラミングスキルを最大限に活用できます。

セキュリティとプライバシー保護の強化

ソースに近い場所でデータを処理することで、ネットワーク経由で転送されるデータの量が減ります。これにより、潜在的な攻撃対象が減少し、データの生成場所で企業ポリシーを容易に適用できるようになります。

5Gネットワークの低遅延の活用

5Gネットワークの採用によって、ビジネスプロセスは、局所化されたデータ分析を活用し、一元化されたAIを通じて自動化された意思決定を行うことが可能になります。

8.6.2 エッジコンピューティングのアーキテクチャ

先見性のある企業は、接続されたデバイスの増加によって生み出される未使用データの可能性を引き出し、新しいビジネスの機会を手に入れ、運用効率を高め、顧客満足度を向上させたいと考えています。エッジコンピューティングは、データが生成され、アクションを実行する必要がある場所の近くにエンタープライズアプリケーショ

ンを配置することで、企業がAIを活用してほぼリアルタイムでデータを分析できるようにします。

　エッジコンピューティングのアーキテクチャは、図8.5のようになります。このアーキテクチャ構成要素は、以下の6つです。

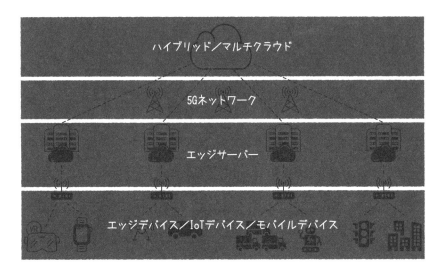

図8.5　エッジコンピューティングのアーキテクチャ

ハイブリッド／マルチクラウド

　主要なクラウドベンダーのほか、コロケーションおよびオンプレミスのデータセンターに配置されたプライベートクラウドも含まれます。

5Gネットワーク

　5Gへの移行と並行して、多くのパブリックネットワークプロバイダは、インフラストラクチャを拡張して汎用コンピューティングサービスを組み込んでいます。エッジネットワーク自体は、地域データセンター、中央オフィス、ハブマイクロデータセンターで構成される多層構造になる可能性があります。通信事業者は、ネットワークエッジ内のクラウドテクノロジーを使用して、コアネットワーク内のこれらの階層を、アプリケーションワークロードをホストするように変換しています。

エッジサーバー

エッジサーバーとして機能するサーバー、ゲートウェイ、およびコントローラは、多くの場合、工場、倉庫、ホテル、および小売店に導入され、運用のためのローカルのコンピューティング能力を提供します。これらのリソースは、クラスター化されているかどうかにかかわらず、引き続き重要なビジネスプロセスをサポートしています。

エッジデバイス

作業を行うのに十分なコンピューティング能力を備えたデバイスの数は急速に増加しています。通常、これらのデバイスは、Linuxオペレーティングシステムを稼働するのに十分なCPUパワー、RAM、およびローカルストレージを備えています。

IoTデバイス

従来のほとんどのIoTデバイスは、限定された固定機能デバイスです。通常、これらのデバイスは、他の集約ポイント（従来はクラウド）にアップストリームで送信されるデータを収集するためのセンサーと統合されています。

モバイルデバイス

モバイルデバイスは、エッジネットワークにおいて重要な役割を果たします。モバイルデバイスが他のエッジデバイスと異なる点は、通常は、個々人が所有の責任を持つ個人に属しており、iOSまたはAndroidオペレーティングシステムを稼働し、アプリストアから入手されていないコンテナソフトウェアは実行しない可能性があることです。

8.6.3 エッジコンピューティングの価値

IoTデバイスの爆発的な増加とコンピューティング能力の向上によって、前例のない量のデータが生成されています。そして、5Gネットワークで接続されたモバイルデバイスの数が増えるに従い、データ量はさらに増え続けるでしょう。

これまでのクラウドとAIの目的は、データから得た実用的な洞察を推進して変革の自動化、加速化を実現することでしたが、接続されたデバイスが生み出す前例のない規模の複雑なデータは、ネットワークやインフラの処理能力を上回っています。

デバイスが生成したすべてのデータを集中データセンターやクラウドに送信する

と、帯域不足や遅延が発生してしまいます。しかし、エッジコンピューティングであれば、効率的に処理することができます。データは、生成された点に近い場所で処理され、分析されます。データを処理する際に、ネットワーク全体を横断してクラウドやデータセンターに送ることはないので、待ち時間が大幅に短縮されます。

エッジコンピューティング、そして5Gネットワーク上のモバイルエッジコンピューティングにより、より迅速で包括的なデータ分析、より深い洞察を得る機会の創出、応答時間の短縮や顧客体験の向上が可能になります。

8.6.4 エッジコンピューティングにおける分散クラウドの役割

分散クラウドを利用すると、単一のコントロールプレーンで、Kubernetesによるコンテナベースのプラットフォーム間で、一貫性を保つことができるようになります。

たとえば、エッジのVMホストなどのリソースを登録してから、一元化された運用環境を利用して、Kubernetesクラスターをオンデマンドで展開することができます。エッジコンピューティングの場合には、これは非常に有用です。

インフラストラクチャが複数の「エッジ」に「分散」している場合でも、増え続けるエッジ環境を単一のコントロールプレーンから管理できます。倉庫に配置されているサーバーは、クラウドベースのKubernetesクラスターと同様に、一貫した運用を実現できます。その一貫性が、分散クラウドをエッジコンピューティングに組み込む大きな理由です。

もちろん、分散クラウドを使わなくてもエッジコンピューティングを実行することはできますが、かなりのオーバーヘッドがかかるため、大きな代償を払うことになるでしょう。分散クラウドは、エッジコンピューティングだけでなく、ハイブリッド／マルチクラウドにおいて理想的なアーキテクチャといえます。

8.7 まとめ

パブリッククラウドの登場は、情報処理の形態から見れば「分散」から「集中」へという変化でしたが、ハイブリッド／マルチクラウド、分散クラウド、エッジコンピューティングへと発展し、コンピューティング環境は再び「集中」から「分散」へと進展しつつあります。

　マイクロサービスは、分散クラウドのような超分散環境に最適なアーキテクチャスタイルです。マイクロサービスにより構築されたオンプレ、複数のパブリッククラウド、あるいはエッジ環境にまたがる超分散環境をシームレスに運用管理するためには、オープンソースが必要不可欠です。Kubernetesを中心とするオープンソースプロジェクトは、分散クラウドの発展において重要な鍵を握るといえます（図8.6）。

ハイブリッドクラウド　　マルチクラウド　　分散クラウド

オープン化

図8.6　集中から分散へ

INDEX

索引

237

索引

著者・監修者紹介

樽澤広亨（たるさわひろゆき）：第1章、第2章、第3章、第4章（4-1、4-2、4-5、4-9）、
第1部と第2部前書きを執筆・全体の監修を担当

　外資系大手クラウドベンダー所属アーキテクト。外資系大手ITベンダー日本法人にてソフトウェア製品のエバンジェリスト、アーキテクト、また、同ベンダー米国法人ソフトウェア開発研究所所属の開発エンジニアとしてアプリケーションサーバー開発に従事。さらに、2013年より2019年まで情報処理学会 情報企画調査会 SC38専門委員として、ISO IEC JTC1/SC38によるクラウドコンピューティングの国際標準策定に貢献。2020年より現職。

著者紹介

佐々木敦守（ささきあつもり）：第4章（4-7）、第8章を執筆

　日本アイ・ビー・エム株式会社 テクノロジー事業本部クラウドプラットフォーム・テクニカルセールス 部長。プライベートクラウドの開発／運用に従事後、2014年よりIBM Cloudのテクニカルセールスを担当。シニアアーキテクトとして企業のクラウド活用を推進。『「仮想化」実装の基礎知識』（リックテレコム）、『SoftLayer詳細解説ガイド』（ThinkIT Books）を共同執筆。

森山京平（もりやまきょうへい）：第7章を執筆

　工学修士。日本ヒューレット・パッカード株式会社を経て、日本マイクロソフト株式会社に在籍。誰のためのクラウドか、クラウドとはどうあるべきかを日夜研究中。『絵で見てわかるクラウドインフラとAPIの仕組み』（翔泳社）を共同執筆。
　Twitter：@kyoheimoriyam

松井学（まついまなぶ）：第6章を執筆

　日本アイ・ビー・エム システムズ・エンジニアリング株式会社に2005年に入社。IBM Cloudの中でも、特にPaaSの日本国内での利用を推進するために、システム設計／開発だけでなくセミナーや研修の講師も担当。大学時代の研究テーマであるPCクラスタを利用した並列計算が、入社後もグリッドコンピューティング活用の技術支援へとつながり、IA仮想化、クラウドへとコンピューティングモデルの変遷とともに担

当するエリアも変遷。現在は、クラウド技術を活用したITシステムの刷新支援のほかに、IoTのソリューション開発にも従事している。

石井真一（いしいしんいち）： 第4章（4-3、4-4、4-6、4-8）を執筆

日本アイ・ビー・エム株式会社へ2002年に入社。入社前は現在のJAXA（宇宙航空開発機構）にて研究等に従事。入社後は、自社製品の開発者／プロダクトマネージャーを経て、パブリッククラウドのシステム設計／開発に従事。近年は、クラウドと合わせてコグニティブ、ブロックチェーン、IoT、ドローンを交えたStartup支援の新規サービス立ち上げを支援。『システム設計の基礎から実践まで　1からはじめるITアーキテクチャー構築入門』（日経BP社）を共同執筆。

三宅剛史（みやけつよし）： 第5章を執筆

東京大学大学院工学系研究科修了。在学時にゲーム会社でのアルバイトでプログラミングに目覚め、新卒入社のサン・マイクロシステムズ、ゴールドマン・サックスなどでソフトウェア開発者としてキャリアを積む。その後、個人レベルの開発から大規模にソフトウェアを開発するための手法や文化に関心が移り、PivotalやAWSなどでアーキテクト職を歴任。現在はJFrog Japanにてアジア最初のソリューションエンジニアとして勤務。日本の開発者が世界のスタンダードになれることを夢見て日々奮闘中。

Twitter：@tsuyoshi_miyake

装丁＆本文デザイン	NONdesign 小島トシノブ
装丁イラスト	山下以登
DTP	株式会社アズワン

絵で見てわかるマイクロサービスの仕組み

2021年7月12日　　初版第1刷発行

著者・監修　樽澤広亨（たるさわひろゆき）
著者　　　　佐々木敦守（ささきあつもり）
　　　　　　森山京平（もりやまきょうへい）
　　　　　　松井学（まついまなぶ）
　　　　　　石井真一（いしいしんいち）
　　　　　　三宅剛史（みやけつよし）

発行人　　　佐々木 幹夫
発行所　　　株式会社 翔泳社（https://www.shoeisha.co.jp）
印刷・製本　日経印刷 株式会社

ISBN 978-4-7981-6543-1　　　　　　　　　　　　　　　Printed in Japan

本書内容に関するお問い合わせについて

本書に関するご質問、正誤表については下記のWebサイトをご参照ください。
お電話によるお問い合わせについては、お受けしておりません。

正誤表　　　● https://www.shoeisha.co.jp/book/errata/
刊行物Q&A　● https://www.shoeisha.co.jp/book/qa/

インターネットをご利用でない場合は、FAXまたは郵便にて、下記にお問い合わせください。

送付先住所 〒160-0006　東京都新宿区舟町5
（株）翔泳社 愛読者サービスセンター　　FAX番号：03-5362-3818

ご質問に際してのご注意

本書の対象を越えるもの、記述個所を特定されないもの、また読者固有の環境に起因するご質問等にはお答えできませんので、あらかじめご了承ください。
※本書に記載されたURL等は予告なく変更される場合があります。
※本書の出版にあたっては正確な記述につとめましたが、著者や出版社などのいずれも、本書の内容に対してなんらかの保証をするものではなく、内容やサンプルに基づくいかなる運用結果に関してもいっさいの責任を負いません。
※本書に掲載されているサンプルプログラムやスクリプト、および実行結果を記した画面イメージなどは、特定の設定に基づいた環境にて再現される一例です。
※本書に記載されている会社名、製品名はそれぞれ各社の商標および登録商標です。